杨梅生态栽培

YANG MEI SHENG TAI ZAI PEI

戚行江 ◎ 主编

中国农业科学技术出版社

图书在版编目(CIP)数据

杨梅生态栽培 / 戚行江主编. — 北京 ：中国农业科学技术出版社，2016.12（2024.9重印）

ISBN 978-7-5116-2893-0

I.①杨… Ⅱ.①戚… Ⅲ.①杨梅-果树园艺 Ⅳ.①S667.6

中国版本图书馆 CIP 数据核字(2016) 第305766号

责任编辑 闫庆健
责任校对 李向荣

出 版 者 中国农业科学技术出版社
北京市中关村南大街12号 邮编：100081
电 话 (010) 82106632(编辑室) (010) 82109704(发行部)
(010) 82109703（读者服务部）
传 真 (010) 82106625
网 址 http://www.castp.cn
经 销 者 各地新华书店
印 刷 者 中煤（北京）印务有限公司
开 本 710mm × 1 000mm 1/16
印 张 8.5
字 数 150千字
版 次 2016年12月第1版 2024年9月第4次印刷
定 价 45.00元

《杨梅生态栽培》编写人员

主　　编　戚行江

副 主 编　梁森苗　徐云焕

编写人员　（按姓氏笔画排序）

任海英　杨桂玲　邹秀琴　张　启　张淑文

郑锡良　赵慧宇　姜路花　徐云焕　徐锦涛

郭秀珠　戚行江　梁森苗　温璐华　颜丽菊

序

“闽广荔枝，西凉葡萄，未若吴越杨梅”。杨梅是我国特产，栽培历史悠久，自然资源丰富。杨梅四季常绿，果实色泽鲜艳，风味独特，营养丰富，深受人们喜爱。

浙江是我国传统杨梅主产区，具有规模、技术、品牌、品质、效益等多方面优势，尤其是改革开放以来，杨梅以其良好的生态与经济效益，在“美丽农业、绿色发展”中深受各产区政府和产业主体的重视，显现出前所未有的产业活力，发展势头强劲，现已成为浙江省主要经济水果。与此同时，杨梅承载着脱贫致富的希冀，走出浙江，在福建、云南、贵州、四川等地种植，为当地农业增效、农民增收，特别是山区农民脱贫致富发挥了积极的作用。

长期以来，浙江省农业科学院和相关产业部门专家立足产业需求，深入开展杨梅优新品种选育与精品化生产技术研究集成，取得了丰硕的成果，为杨梅产业的提升发展作出了贡献。《杨梅生态栽培》系统地介绍了杨梅生态种植、绿色发展技术，是推广和普及杨梅实用技术的科普读本。本书荟萃了浙江省杨梅产业发展的成功经验和最新科研成果，以精心的内容编排和图文并茂的形式设计，化繁为简，使高深的技术流程化、通俗化，让使用者看得懂、学得会、用得上。本书的出版发行，对于整体提高我国杨梅生产技术水平和推动杨梅产业精品化、绿色化、现代化发展具有重要的指导意义。

中国工程院院士
浙江省农业科学院院长 陈剑平

2016 年 11 月

前言

杨梅原产中国，主产浙江；常年枝叶繁茂，树形完美；果形圆整，果色鲜艳，酸甜适口，风味独特，含多种矿物质、维生素和氨基酸，营养丰富。杨梅以鲜食为上，亦可加工制罐、制汁、蜜饯、酿酒，有较高的药用价值，是天然的保健食品，综合利用前景广阔。近年来，随着杨梅生态、经济价值的显现，产区不断拓展，规模迅速扩大，成为我国南方地区果业发展的热门果种。然而，“杨梅好吃树难栽”，尤其在新发展的杨梅产区，确保优质、稳产、高产和果品质量安全成为广大果农的迫切需求。

为满足广大科技人员及果农对杨梅生产技术的需要，我们在总结多年生产经验、科研实践和调查研究的基础上，编写成《杨梅生态栽培》一书。全书共分3章，系统地介绍了杨梅的主栽品种、生态栽培技术和主要农事管理等相关知识和技术，旨在指导农业技术人员、专业合作社、家庭农场及杨梅种植户正确掌握高产、优质、高效的杨梅生产技术，从而实现杨梅绿色发展、丰产丰收。

限于编者水平，书中不妥之处，敬请读者和专家批评指正。

编　者

2016年10月

◎ 特别鸣谢

本图书的出版得到国家公益性行业（农业）科研专项经费项目“杨梅产业化关键技术研究与示范”（计划编号：201203089）的资助。

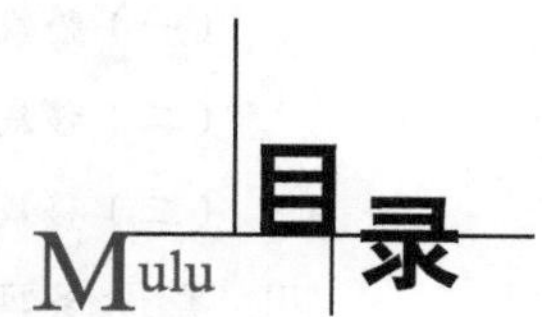
目录
Mulu

杨梅属于杨梅科杨梅属小乔木或灌木植物，又称圣生梅、白蒂梅。杨梅枝繁叶茂，树冠圆整，初夏又有红果累累，十分可爱。杨梅具有很高的药用和食用价值，果味酸甜适中，既可直接食用，又可加工成杨梅酱、蜜饯等，还可酿酒，有止渴、生津、助消化等功效。

第一章 / 主要品种

按植物学分类法，杨梅可分为乌梅类、红梅类、粉红梅类和白梅类4种；按园艺学分类法，则可分为早熟、中熟和迟熟3种类型。浙江杨梅品种很多，主要有早佳、早大梅、丁香梅、荸荠种、桐子梅、水晶种、黑晶、东魁、晚荠蜜梅、晚稻杨梅等。

第一节 分 类

杨梅分类有两种方法，一种是植物学分类法，另一种是园艺学分类法。

一、植物学分类

杨梅为被子植物门双子叶植物纲杨梅目杨梅科杨梅属果树，产自我国的有 6 个，供食用的仅有 1 个。依果实颜色分着色种和白色种两大类。根据浙江杨梅栽培品种的系统划分为乌梅类、红梅类、粉红梅类和白梅类 4 种。每一种类都有不同时期的成熟品种。

乌梅类

红梅类

1. 乌梅类

果实成熟前呈红色，成熟后呈紫黑色，肉柱粗而钝，果肉与核脱离。乌梅类品种一般以早熟为主，野乌梅果型小，酸度大，商品价值低，只作砧木用。早熟品种有黄岩的早野乌、中野乌、乌梅、早乌种、药山野乌、药山黑炭梅，乐清的野乌，兰溪的早佳，慈溪的早荠蜜梅。中熟品种有三门的桐子梅，余姚、慈溪的荸荠种，江苏的大叶细蒂、乌梅。迟熟品种有温岭的黑晶，慈城的慈荠，余姚的晚荠蜜梅，象山的乌紫杨梅，舟山的晚稻杨梅等。

2. 红梅类

果实成熟前呈红色，成熟后呈深红色，肉柱粗而钝。红梅类早熟品种有瓯海、龙湾的丁岙梅，萧山的早色，临海的早大梅，永嘉的早梅。中熟品种有瓯海的土大（早土）、牛峦袋、土梅、台眼种、流水头、大叶高桩（万年青）、新山种和炭梅，乐清的花坛中性梅、蔡界山中性梅和大荆水梅，永嘉的楠溪梅、水梅，黄岩的水梅、头陀水梅、毛岙水梅、洪家梅、阳平梅，温岭水梅。迟熟品种有黄岩

粉红梅类

白梅类

的东魁、红四迟梅，温岭的温岭大梅、迟大梅，萧山的迟色，上虞的深红种等。

3. 粉红梅类

果实成熟后呈粉红色。粉红梅类早熟品种有乐清的大荆早酸，永嘉的罗坑早刺梅，温岭的早酸，黄岩的大早性梅、小早性梅、大早种、中早种、小早种、早红梅、早梅、红四早梅和药山早梅。中熟品种有瓯海的香山梅和细叶高桩，永嘉的刺梅、荔枝梅和罗坑梅，乐清的刺梅、溪坦刺梅、潘家洋真梅和纽扣杨梅，黄岩的中熟早梅、药山刺梅、头陀刺梅和绿麻籽，临海的刺梅，温岭的刺梅、鸡鸣梅、若溪淡红梅和白红梅。迟熟品种有黄岩的青蒂头大杨梅。

4. 白梅类

果实成熟后呈白色、乳白色，以中熟品种为主。主要有瓯海的丁岙白梅和雪梅，乐清的糖霜梅，温岭的白杨梅，黄岩的细白杨梅、半白杨梅和药山白杨梅，上虞的水晶种，定海的白实杨梅。

二、园艺学分类

根据杨梅的不同成熟期，可分为 3 种类型。

1. 早熟品种

5 月底至 6 月上中旬成熟上市，优良品种有早佳、早荠蜜梅、早大梅、丁岙梅、早色等。

2. 中熟品种

6 月中下旬成熟上市，优良品种有荸荠种、桐子梅、大叶细蒂、乌梅、水梅、大炭梅、深红种、水晶种等。

3. 迟熟品种

6 月下旬至 7 月上旬成熟上市，优良品种有东魁、黑晶、慈荠、晚荠蜜梅、乌紫杨梅、晚稻杨梅等。

早熟品种

中熟品种

迟熟品种

早佳

早佳杨梅树

第二节　品　种

一、早熟品种

1. 早佳

早佳原产地浙江兰溪，系当地发现的荸荠种杨梅变异优株，经系统选育而成的特早熟乌梅类新品种。2013 年通过浙江省林木品种审定委员会认定。

该品种树体健壮，树势中庸，树冠矮化；始果期早，比荸荠种提早 1～2 年挂果；成熟期早，比荸荠种提前 7 天成熟，比东魁提前 15 天成熟；丰产稳产，一般 8 年生树即进入盛产期，亩（1 亩≈ 667 平方米，全书同）产比荸荠种增产 11.9%。果实外观美，色泽紫黑明亮；平均单果重 12.7 克，肉柱圆钝，肉质较硬，耐贮运；可溶性固形物含量 11.4%，风味浓；果核小，可食率 95.7%；品质优良。

该品种长势中庸、早果性好、成熟期早，适于矮化密植栽培，株行距 4 米 ×4 米，每亩栽 40～45 株；或采用设施栽培进一步提早成熟。栽培中加强树体管理、花果调控，需合理增施氮钾肥，保持丰产稳产树势。常规栽培技术与其他杨梅类似。

2. 早大梅

早大梅原产地浙江临海，系当地水梅中选出的成熟期较早的大果形品种。1989 年通过浙江省农作物品种审定委员会认定。

该品种树势强健，树体高大，树冠圆头形。叶片广倒披针形，先端钝圆，春梢叶厚而平整，叶色浓绿，有光泽。果实略扁圆形，平均纵径 2.9 厘米，横径 3.2 厘米，单果重 15.7 克，最大达 18.4 克。果实大小较整齐，果色紫红。肉柱长而较粗，肉质致密，质地较硬，甜酸适度，可溶性固形物含量 11.0%，总酸 1.06%，果实可食率 93.8%，品质上等。临海 6 月中旬成熟，比当地主栽的水梅品种提早成熟 7～8 天，采收期约 12 天。

早大梅

该品种栽植后 4～5 年结果，13 年生左右进入盛果期，株产一般 50 千克以上，大小年不明显，经济寿命较长。而且树体健壮，枝叶繁茂，树皮光滑，很少发生杨梅癌肿病。

3. 丁岙梅

丁岙梅原产地浙江温州瓯海、龙

早大梅杨梅树

丁香梅

湾，早熟品种，我国杨梅“四大”传统良种之一。

该品种树性较强，树冠圆头形或半圆形，枝条短缩，叶倒披针形或长椭圆形，叶色浓绿，是现有杨梅栽培品种中唯一的短枝型品种。果实圆球形，平均单果重 11.3 克，肉柱圆钝，肉质柔软多汁，甜多酸少，可溶性固形物含量 11.1%，含酸量 0.83%，可食率

丁香梅杨梅树

96.4%，品质上等。成熟时果面紫红色，果柄长，果蒂较大且呈绿色疣状凸起。主产区瓯海、龙湾6月上中旬成熟，采摘期约为10天。

该品种果实固着能力强，带柄采摘，素有“红盘绿蒂”之誉。树冠较矮小，单株产量不及其他品种，种植时可适当密植。

4. 早色

早色原产地浙江萧山，系地方“早些”杨梅品种中优选而成。1994年通过浙江省农作物品种审定委员会认定。

该品种树势旺盛，树姿较直立，树冠圆头形。叶片倒披针形，叶大，全缘间或有锯齿。果实圆球形或扁圆形，中大，果蒂小，平均纵径2.6厘米，横径2.8厘米，单果重12.6克，最大达17.0克，在早熟品种中属果形较大者。果实完熟后呈紫红色，肉柱顶端圆或尖，肉质稍粗，果汁多，味酸甜，可溶性固形物含量12.5%，含酸1.0%，可食率95.1%，品质优良。在萧山产区果实6月中旬成熟，采收期约10天。

早色

该品种根系生长旺盛，耐旱耐瘠能力较强，适应性强，丰产稳产。种植后 4～5 年开始结果，盛果期平均株产达 70～100 千克，结果大小年现象不明显，抗病虫害能力强，采前落果较轻。

早色杨梅树

二、中熟品种

1. 荸荠种

荸荠种原产地浙江余姚、慈溪，我国杨梅“四大”传统良种之一。

该品种树势中庸，树冠半圆形或圆头形，树姿开张，枝梢较稀疏。叶片倒卵形，叶尖渐尖，叶色深绿。果实中等偏小，平均单果重 9.5 克，最大可达 17.0 克，果形略扁圆，形似“荸荠”故名。完熟时果面紫黑色，肉柱端圆钝，肉质细软，汁多，味甜微酸，略有香气，可溶性固性物含量 12% ～13%，总糖量 9.1%，含酸量 0.8%；核小，与果肉易分离，可食率 96%，品质特优，加工性能佳，适宜鲜食与罐藏加工。在余姚、慈溪产区 6 月中旬成熟，采收期达 20 天。

该品种丰产、稳产、优质，适应性广，1 年生嫁接苗定植后 3～5 年开始结果，10 年进入盛果期，旺果期可维持 30 年左右，经济结果寿命约 50 年。盛果期平均株产 50 千克以上，最高可达 450 千克。果实成熟后不易脱落；较抗癌肿病与褐斑病。适应范围广，但栽培管理不当时，易形成大小年，且大年果实偏小。

荸荠种

荸荠种杨梅树

2. 桐子梅

桐子梅原产地浙江三门，系当地实生杨梅优株变异选育而成。2001 年通过浙江省农作物品种审定委员会认定。

该品种树势强健，树冠高大，分枝力强，树冠呈圆头形。果实圆球形，果大，平均纵径 3.2 厘米，横径 3.3 厘米，单果重 16.4 克，最大达 28.0 克；因果子大如“桐子”，当地农民俗称为桐子梅。完

桐子梅

桐子梅杨梅树

熟后果实呈紫黑色，果汁中等，甜酸适中、味浓。可溶性固形物含量 11.5%，可食率 93.6%，品质上等。三门 6 月中旬成熟，采收期约 10 天。

种植 10 年后进入盛果期，株产可达 50～75 千克，最高达 200 千克。采前落果少，大小年现象不明显，抗逆性较强。其最显著特点是果实肉质坚硬，贮运性好，是目前浙江省杨梅较耐贮运的品种之一。

3. 深红种

深红种原产地浙江上虞，系地方品种深红种中优选而成。2002 年通过浙江省林木品种审定委员会审定。

该品种树势强健，枝叶茂盛，树冠圆头形，叶色深绿，叶倒披针形。果实大，圆形，平均纵径 2.8 厘米，横径 2.8 厘米，单果重 13.1 克，最大达 16.3 克，果蒂较小，果表深红色，肉柱先端多圆饨少尖头，肉质细嫩，汁液多，酸甜适口，风味较浓。可溶性固形物含量 12.4%，总酸 1.3%，可食率 94.6%，品质优良。上虞主产区果实 6 月中下旬成熟，采收期长达 20 天。

该品种适应性强，具有丰产优质、果大核小、风味较浓、色泽美等特点。1 年生嫁接树 4 年开始结果，经济寿命长达 80 年。30 年生树平均株产 50～75 千克，最高达 300 千克。

深红种

深红种杨梅树

水晶种

4. 水晶种

水晶种原产地浙江上虞，系我国品质最优的白杨梅，是白杨梅中唯一的中熟大果形品种。2002 年通过浙江省林木品种审定委员会审定。

水晶种杨梅树

该品种树势强健，树冠半圆形，叶片倒披针形，叶淡绿色。果实圆球形，平均单果重 14.4 克，最大达 17.3 克。完熟时果面白玉色，肉柱先端稍带红点。肉质柔软细嫩，汁多，味甜稍酸，风味较浓，具独特清香味，可溶性固形物含量 13.4%，可食率 93.6%，品质上等。上虞产地果实 6 月下旬成熟，采收期约 15 天。

三、晚熟品种

1. 东魁

东魁原产地浙江黄岩，我国杨梅“四大”传统良种之一，也是目前果形最大的杨梅良种。

东魁

该品种树势强健，树冠旺盛，发枝力强，以中、短结果枝结果为主。树姿稍直立，树冠圆头形，枝粗节密。叶大密生，倒披针形，幼树叶缘波状皱缩，成年后全缘，色浓绿。果实为不正高圆形，特大，平均单果重 25.1 克，最大果达 51.2 克。完熟时深红色或紫红色，缝合线明显，果蒂突起，黄绿色；肉柱较粗大，先端钝尖，汁多，甜酸适中，味浓，可溶性固形物含量 13% 左右，总糖量 10.5%，含酸量 1.10%，可食率 94.8%，品质优良。主产区黄岩

东魁杨梅树

6 月下旬成熟，采收期 10～15 天。

该品种产量高，种植 5～6 年后开始结果，15 年后进入盛果期，盛果期可维持 50～60 年，大树一般株产 100 千克以上，结果大小年现象不明显，成熟时不易落果。抗风性强，抗杨梅斑点病、灰斑病、癌肿病。

2. 黑晶

黑晶原产地浙江温岭，系地方品种“温岭大梅”园中发现的实生变异。2007 年通过浙江省农作物品种审定委员会认定。

该品种树势中庸，树姿开张，树冠圆头形；叶倒披针形，叶尖圆钝，叶缘浅波状。果实圆形，果大，平均单果重 17.6 克，果顶较凹陷，蒂部突出呈红色，完熟时呈紫黑色，有光泽，具明显纵沟；肉柱圆钝，肉质柔软，汁液多，酸甜适口，可溶性固形物含量 12.3%，风味浓；果核较大，可食率 90.6%；始果期早，一般 4 年生树能结果；以短果枝结果为主，着果均匀；成年树一般亩产 500

黑晶

黑晶杨梅树

千克以上。成熟期介于荸荠种与东魁之间，在温岭产区6月下旬成熟。

该品种始果期早，果实较大，丰产、稳产，品质优，熟期适中，适宜在全省杨梅产区种植。

晚荠蜜梅

3. 晚荠蜜梅

晚荠蜜梅原产地浙江余姚，系荸荠种杨梅的晚熟营养系变异株系统选育而成。1994 年通过浙江省农作物品种审定委员会认定。

该品种树势强健，枝叶茂密，树冠呈圆头形。叶较大，色浓绿。果实扁圆形，平均单果重 13.0 克，完熟时果表呈紫黑色，富光泽，肉柱顶端圆钝，甜味浓，口感佳，肉质致密，贮运性好。可

晚荠蜜梅杨梅树

溶性固形物含量13.0%，含酸1.0%，可食率95.6%，甜酸适口，品质上等。成熟期比荸荠种晚约5天，在余姚产区6月下旬成熟。

该品种结果性能好，丰产稳产，抗逆性强，对高温干旱有较强的忍耐力。1年生嫁接苗种植3～4年后开始结果，6～8年树平均株产10～20千克。由于每年30%～40%春梢和夏梢不结果成为下一年结果预备枝，因此产量稳定，大小年结果不明显，不易落果。适宜在长江以南地区山丘红壤上栽培。

4. 乌紫杨梅

乌紫杨梅原产地浙江象山，系当地炭梅的实生变异。

该品种树势中强，树姿开张，叶尖为圆钝，叶边全缘，叶色深绿。果实正圆形，平均纵径3.3厘米，横径3.5厘米，单果重23.5克，果肉厚，肉柱顶端圆钝。成熟时果面色泽乌紫，较光滑，有光泽，果肉质地较硬，果汁多，甜酸适口，味浓，品质上等，可溶性固形物含量13.0%，可食率94.0%，果核稍大，耐贮藏。主产区象山6月中下旬成熟，采收期10～13天。

乌紫杨梅杨梅树

乌紫杨梅

该品种丰产稳产，果大质优，果香浓郁，采前落果轻。适宜浙江省内的酸性土壤山地种植。

5. 晚稻杨梅

晚稻杨梅原产地浙江定海，是浙江最晚成熟的品种，系我国杨梅“四大”传统良种之一。

该品种树势强健，树冠直立性较强，以圆头形或圆锥形较多。果实圆球形，成熟时紫黑色，并富有光泽。果实中等大小，平均单果重 11.6 克，最大可达 17.1 克。肉柱圆钝肥大，缝合线不明显。可溶性固形物含量 12.1%，总糖 9.8%，总酸 0.9%，可食率 95.8%。鲜食肉质细腻，甜酸可口，汁多清香，肉核易分离，品质极佳。制罐后，色泽鲜艳，汤汁清晰，果形圆整，具有浓郁的玫瑰

晚稻杨梅

香味，风味特佳。主产区定海成熟期为 6 月下旬至 7 月上旬，采摘期为 10～12 天。

该品种具有优异品质和良好加工性能，经济寿命较长，抗逆性较强。但该品种肉柱嫩，易出水，运输和贮藏性能差，鲜果不利于远距离运销，主要以本地市场鲜销为主。

晚稻杨梅杨梅树

第二章 / 生态栽培技术

生态栽培是以国家农业部倡导的绿色发展理念为指导，总结传统生产经验，结合产业最新的科研成果，实现果园小生态与周边大生态融合和谐发展，最大限度地达到减量、节本、增效和果品质量安全的可持续发展生态模式。杨梅生态栽培技术包括生态建园、果树栽培及管理，科学施肥，病虫害综合防控等。

第一节　生态建园、果树栽培及管理

一、园地选择

针对杨梅生理生态适应性，选择空气、水质、土壤质量良好的生态环境，选择温度、湿度、海拔高度适宜的园地环境，按照适树、适地、适栽原则，从建园源头抓起，避免冻害、雪害、日灼等自然灾害影响，保持杨梅产地的生物多样性，保护和利用天敌，减少杨梅病虫害发生为害，生产出有机、绿色、无公害杨梅果品，实现杨梅鲜果的安全优质高效生产。

大生态杨梅园环境

园地远离工矿区和公路铁路干线，避开工业和城市污染源的影响，环境空气质量应符合 GB 3095 的要求。灌溉水质应符合 GB 5084 的要求。土壤环境质量应符合 GB 15618 的要求。海拔高度 600 米以下山地栽培，坡度小于 25°。光照充足，年降水量 1000 毫米以上。蕨类等植被生长良好，土层深厚，土壤 pH 值 4.5～6.5，富含石砾的红壤或黄壤土。

栽培品种选择应考虑品种类型、生态环境与栽培条件、市场需求及栽培技术水平。浙江省杨梅园生态栽培目标产量为：东魁等大果形品种每亩 1 000～1 500 千克，荸荠种等中小果形品种每亩 800～1 200 千克；主要栽培品种有东魁、荸荠种、晚稻杨梅、丁岙梅、黑晶、早大梅、早色、深红种等，各品种成熟期先后次序是丁岙梅、早大梅、早色、荸荠种、深红种、黑晶、东魁、晚稻杨梅。

二、小苗定植

（一）时间与密度

春季 3 月至 4 月上旬，以选无风阴天栽植为宜。定植密度依山地气候、土壤肥力、土层厚度和品种特性而异。栽植密度为每亩

19～33 株，东魁、晚稻杨梅宜稀。

（二）挖定植穴

定植穴（1 米见方）宜冬季挖鱼鳞坑或等高线上筑梯，有利于减少土壤病虫害。定植时避免根系与肥料接触，周围杂草等不宜立即去掉。

（三）定植方法

选择无病害壮苗，宜先定单主干 30～50 厘米，再去掉嫁接口上尼龙薄膜，修剪过长和劈裂根系。定植时根系应舒展，分次填入表土，四周踏实，浇水一两次，再盖一层松土。嫁接口留在地平面上，但必须全覆盖于土层下。定植完毕宜立即用柴草或遮阳网覆盖，直至当年 9 月份。

（四）防旱抗旱

定植后的第一年杨梅根系不发达，遇高温干旱天气时易被旱死，应在夏季浇水保湿进行防旱抗旱，确保成活率。

小苗定植

三、大树移栽

（一）移栽时间

宜在萌芽前的 2 月至 4 月上旬，或休眠期的 11 月至翌年 1 月，

大树移栽

选择在阴天或小雨天进行。

（二）移栽方法

先挖定植穴，穴内填少量的小石砾及红黄壤土。挖树时先剪去树冠部分枝条及当年生新梢，短截过长枝，控制树冠高度。挖掘时需环状开沟，并带钵状土球，直径为树干直径的 6～8 倍。挖后要及时修剪根系，剪平伤口，四周用稻草绳扎缚固定，并及时运到栽植地。栽时把带土球的树置于穴内后，先扶正树干，再覆土，覆土高度应略低于土球，然后踏实，再灌水，使土壤充分湿润，最后再覆盖一层松土。

（三）移栽后管理

定植后树冠喷水，使枝叶充分湿润，再对树冠进行修剪和整形。定植后几天，要坚持每天早晚各一次喷水。高温季节要检查根部草包的干湿情况。

四、整形修剪

（一）整形

1. 树形

一般采用开心形或圆头形方式整形，但生长旺盛和枝条直立性强的品种宜用主干形或疏散分层形方式整形。

2. 开心形

定干高度 30 厘米，抹除当年在主干下半部上的新梢，促使夏梢粗壮有力，但过多时要及时疏删，一般保留两三个新梢；夏梢超过 25 厘米时摘心；保留两三个秋梢，并在 20 厘米以上时摘心，促

开心形树形

其粗壮。一般幼树第 2 年可在离主干 70 厘米的主枝上选留第一副主枝，处于主枝侧面略向下的部位，要求从属于主枝。第 3 年可在完成三主枝及第一副主枝基础上选留第二副主枝。第一、第二副主枝间隔 60 厘米。其上的侧枝宜留 30 厘米缩剪。第 4 年继续延长主枝和副主枝。在距离第二副主枝约 40 厘米处选留第三副主枝，在主枝和副主枝上继续培养侧枝，连续 5～6 年后即可完成整形。

(二)修剪

1. 修剪时期

生长期修剪在 4—9 月；休眠期修剪在 11 月至翌年 3 月中旬。

2. 修剪方法

(1) 疏删。从基部剪除整个枝条，控制剪口附近再抽发枝梢，保证了剩留枝梢的养分供应和光照条件。

(2) 短截。剪除枝条总长 1/3～1/2，促使剪口下方抽发新枝的

杨梅树拉枝

杨梅树修剪

修剪方法，增加树体枝梢数量，促进枝梢生长。

(3) 拉枝。一般幼龄树应用较多，幼龄枝条较小、柔软，易拉开，拉枝效果较好，树龄过大会增加拉枝难度，枝条容易断裂。

(4) 撑枝。用坚固的短木条撑开主枝基部和主干所成的角度。拉枝和撑枝使杨梅树体开张，通风透光，但一年内需连续开展数次才有效。

(5) 环割。适于生长旺盛的树体，采取环绕树枝的螺纹状环割，

杨梅树撑枝

深达木质部。

(6) 摘梢。控制枝条生长，减少杨梅落果，提高坐果率。

五、提早结果

(一)幼龄期扩大树冠

幼龄期促进生长，迅速扩大树冠。1～3 年促使树体迅速扩大，每年保证抽发良好的春、夏、秋三次梢。先在春梢超过 25 厘米时摘心，适当抹除主干上过多新梢，留健壮且分布均匀的三四根。夏梢留二三根，其余抹除，30 厘米时摘心。秋梢留二三根，20 厘米时摘心。春季修剪时全部剪除晚秋梢。尽可能保留第 2～3 年抽生的下部小枝，培养成结果母枝。

(二)缓和树势促花芽

形成树冠后缓和树势，促进花芽形成，提早结果。4～6 年为促花结果的转换期，在扩展树冠的同时促进树体更多结果。先减少施肥量并调整肥料种类。适当疏除上部强枝，对各主枝进行拉枝，以开张树冠，促进内膛枝、下垂枝花芽形成。5～6 年时，对于多发的春梢和夏秋梢进行疏删，一般保留 2 根左右长势旺的枝条，其他疏除。

幼龄杨梅树提早结果状

六、矮化树体

（一）矮化时间

一般在春季未开花前进行，但结果较多的树可在果实采收后进行大枝修剪。

（二）初投产树矮化

一般控制树体高度 4 米以下，去除直立中心杆，从基部去除顶部高于 3.5 米以上的生长势强的生长枝，删除过密的重叠主枝，使树体呈现开天窗的形状，通风透光，能促进内膛枝抽生及立体结果。后面几年，对强枝要从基部去除，高度保持 4 米以下。做到抑上促下，去强留中庸，控制树势，促进结果，以果压梢。

（三）成年结果树矮化

每年回缩高大的主枝，高度控制 1～2.5 米，促发新梢进行更新，第二年再回缩，连续 2～3 年把树冠回缩到 4 米左右。同时保证产量损失不大。修剪顺序应先大枝后小枝，先上后下，先内后外。修剪后的剪口要平，不留短桩，大的锯口或剪口应涂保护剂。

杨梅矮化树体

七、高接换种

（一）高接换种时期

3月中旬至4月上旬为高接适期。适用于低产、品质不良的杨梅园改造，或实生树和品种结构调整。树龄宜15年生以下，树龄小，高接易成活。

（二）高接换种方法

采用切接和皮下接为主，也可用劈接。

高接换种

（三）高接技术要领

接位宜低勿高，砧枝断面直径3～5厘米为宜。接位下端留一裂缝以便排出砧木树液，或在树上留一枝条作引水枝。每株树嫁接口数随树冠大小而定，一般为3～15个，每砧枝嫁接一二个穗条。成活后，新梢长25厘米左右摘心，促进分枝，留好骨干枝的延长枝，早日形成树冠。成年树干径超过25厘米，需提前短截大枝，重新抽枝，待2～3年枝条粗度在2厘米以上时再行高接。

八、花果管理

（一）抑梢促花

通过去强留弱，通风透光修剪；同时增施钾肥，减少或停止氮肥使用，夏末秋初断根和晒根，并拉枝、环割、环剥等处理。

（二）保果

对树势旺的杨梅树采取不施氮、增施钾肥和适施磷肥的措施保果。也可在盛花期或谢花期树冠喷施 15～30 毫克 / 千克赤霉素保果。

（三）疏花

对花枝、花芽过量或开花过多的树，于 3—4 月疏删花枝，以及密生枝、纤细枝、内膛小侧枝。少部分花枝短剪促分枝。对结果较少和长势较弱的树，于采果后喷施 200 毫克 / 千克赤霉素，间隔 10 天连续二三次，以促发秋梢减少花芽。

（四）人工疏果

对东魁等大果型品种可推广人工疏果。每年盛花后 20 天和谢花后 30～35 天，疏去密生果、劣果和小果，6 月上旬果实迅速膨大前再疏果定位。每果枝留 1～4 个，平均 2 个。

人工疏果

九、大小年调节

（一）大年树管理

最简便方法是在盛花期树冠喷雾 100 毫克 / 千克“疏 6”疏花剂，正常情况下可疏除约 50% 的花量。在喷雾时应重点喷花穗部位，花多的部位多喷，花少的部分少喷；原则上以盛花期稍后为好。避免在雨天使用，喷后过 24 小时下雨则不会影响效果。在 2—3 月，全树均匀短截 1/5～2/5 的结果枝，同时每株施 0.5～1 千克的尿素促使春梢早发；采果后进行修剪，短截部分枝条，并施采后肥，促发夏梢，翌年结果；对挂果过多的树可疏果枝处理，减少留果量。

杨梅树管理

（二）小年树管理

于 2—3 月中旬修剪时，全树均匀疏删 2/5 枝梢；春梢期疏除部分旺长的春梢；盛花期前喷 10～20 毫克 / 千克的赤霉素一次。采果后，株施 10 千克的草木灰；采果后修剪，删除部分夏梢，以减少翌年结果枝。

十、采收

(一)采收时间

根据销售终端地点不同确定采收成熟度。以荸荠种和东魁为例，近距离运输果实可完熟采收。中距离运输果实宜九成熟采收。远距离运输果实宜八成熟采收。宜清晨或傍晚采摘，下雨或雨后初晴不宜采收。

(二)采收方法

采收过程应戴一次性薄膜卫生手套采摘，要轻拿轻放，全程实行无伤采收操作，避免囊状体破裂。周转箱(筐)或采果篮内壁光滑或垫衬海绵等柔软物，容量 10 千克以下为宜。随采随运，避免在太阳下暴晒。

杨梅采收

树上分级采收，要求采收时须同时携带 2 只篮子，依感官果实大小、好坏、色泽，边采摘边分级。档次高的放入小篮子，普通的放入大篮子，既可减少果实损伤，又可减少分级用工，大大降低采后果实霉烂率。

十一、采收后生态管理

以绿色生态发展理念为指导，根据杨梅树长势的强弱程度和结果的数量多少，推行有机生物配方施肥，并采用树盘撒施加覆盖松土 1～2 厘米的方式，增强土壤耕作层的保水保肥能力，避免因施肥不当而造成环境污染；再通过合理的通风透光修剪方式形成稳产

以绿色生态发展理念为指导的杨梅生态管理园

通风透光修剪方式形成的稳产丰产型树冠

丰产型树冠，将采收后掉落的小枝、树叶进行及时有效的清理并覆盖，提高树盘土壤耕作层的蓄水保土保肥能力；此外，在清理杨梅园周边的杂草时禁止使用除草剂，保护杨梅园的生态多样性，形成药肥减量、节本、增效和果品质量安全的生态栽培模式，最终实现生态效益和经济效益并重。

十二、鲜果分等分级

鲜果分等分级

项目指标		特级	一级	二级
基本要求		果形端正，果面洁净，无病斑、虫粪、灰尘、霉变、异味		
伤痕占果面 1/10 的果数		≤ 2%	≤ 5%	≤ 10%
肉柱		无肉刺	有少量尖锐	有少量尖锐和轻微肉刺
单果重 / 克	荸荠种	≥ 11.0	≥ 9.5	≥ 7.5
	东魁	≥ 25.0	≥ 21.0	≥ 18.0

注：中小果类参照荸荠种，大果类参照东魁

鲜果分级

第二节　科学施肥

一、施肥原则

因杨梅根系有菌根，具有固氮功能，一般不需大量氮肥，而需钾、磷肥，特别是钾肥。杨梅施肥以有机肥为主，化肥为辅，允许

杨梅树主根不明显，侧根和须根发达

有条件限量使用化肥，根据杨梅需肥规律、土壤供肥情况和肥料效应，进行平衡施肥，最大程度地保持园地土壤养分平衡和肥力的提高，减少肥料成分的过度流失对杨梅园和环境造成的污染。

禁止施用有害垃圾、污泥、污水、粪尿；不得施用等量（15-15-15）复合肥、硝态氮肥和硝态氮的复合肥、复混肥；化肥必须与有机肥配合施用，有机氮和无机氮的比例为 1∶1，除秸秆还田和绿肥翻压外，其他有机肥料应做到无害化处理和充分腐熟后施用，推荐使用商品有机肥；采收前 20 天，不得施用任何化肥。肥料使用应符合 NY/T 496《肥料合理使用准则 通则》。商品肥料及新型肥料必须通过国家有关部门登记认证及生产许可，质量达到国家有关标准要求方可施用；因施肥造成土壤污染、水源污染或影响杨梅生长，产品达不到质量标准时，要停止施用该肥料。

二、施肥时期与施肥量

（一）施肥时期

1. 基肥施肥时期

基肥以有机肥料为主，可以在较长时期内供给多种养分的基础肥料。秋季施基肥正值根系第二、第三次生长高峰，伤根容易愈合，施肥时切断一些细小根，还起到根系修剪的作用，可以促发新根。基肥要每年都施用为好。

2. 追肥施用时期

(1) 花前追肥。萌芽开花需要消耗大量营养物质，但早春土壤温度较低，吸收根发生较少，吸收能力也较差，主要消耗树体贮存的养分，此时若树体营养水平较低，氮肥供应不足，则会导致大量落花落果，严重时还影响营养生长，对树体不利。

(2) 花后追肥。这次肥是在落花后坐果期施用的，也是需肥较多的时期，此时幼果生长迅速，新梢生长加速，二者都需要氮肥营养。一般花前肥和花后肥可以互相补充，如花前追肥量大，花后也可不施。

(3) 果实硬核期前追肥。此时果实迅速膨大，即将硬核，追肥有利于加快果实膨大，促进春梢抽生，既保证了当年的产量，又为来年结果打下了基础，对克服大小年结果也有作用。这次施肥应注意氮、钾适当配合。

(4) 果实采收后追肥。这次肥主要解决大量结果造成树体营养物质亏缺和花芽分化的矛盾。

（二）施肥量

1. 幼年树施肥

栽培前施足基肥，3—8月，薄肥勤施，以速效性氮肥为主。1～3年生的幼树，每年秋冬增施有机肥改土，每株施鸡粪10千克或土杂肥25千克；春夏按“一次梢二次肥”的原则，即在新梢抽发前的半个月施一次以氮为主的“促梢肥”，待新梢老熟前再施一次以钾为主的“壮梢肥”，可保证新梢长度达10～25厘米，每梢着叶15～25片。

2. 成年树施肥

成年树全年三要素比例为氮(N)∶磷(P_2O_5)∶钾(K_2O)=1∶0.3∶4。基肥，每亩施腐熟有机肥2 000千克或商品有机肥800千克；壮果肥，每亩施低氮高钾肥，如氮∶钾配比5∶25的配方肥45千克左右；采后肥，每亩施中氮高钾肥，如氮∶磷∶钾配比15∶4∶20的配方肥30千克左右。与幼年树比较，要大幅度减少磷的施用量，增大钾的施用量。增施钾肥，能增大果形和提高品质，尤其是要加大硫酸钾的施用量，不宜施用氯化钾。

杨梅园空旷处正在烧制的草木灰

杨梅切忌单施氮肥和单施或过量施用过磷酸钙及钙镁磷肥，不然导致果小、味酸及树势衰弱。但按比例适量施用磷肥还是必要的。

三、施肥方法

（一）早施多施基肥

目前，大多数杨梅园的有机质含量低，远远达不到优质丰产园的要求，因此必须增加基肥用量。如果同时考虑到树体生长与改良土壤的双重需要，有机肥的施用量应掌握在每千克果 0.5～1 千克肥的标准。施基肥最适宜时期是每年秋冬季的 10—11 月份。山区干旱又无水浇的杨梅园，因施用基肥后不能立即灌水，所以，基肥也可在雨季趁雨施用。但有机肥一定是充分腐熟的肥料，施肥速度要快，并注意不伤粗根。在有机肥源不足时，一方面，可将秸秆杂草等作为补充与有机肥混合使用；另一方面，有限的有机肥还是要遵循保证局部、保证根系集中分布层的原则，采用集中穴施，就是从树冠边缘向里挖深 50 厘米，直径 30～40 厘米的穴，数目以肥量而定，然后将有机肥与土以 1∶1 或再加一些秸秆混匀，填入穴中再浇水，以充分发挥有机肥的肥效。另外，氮钾肥甚至锌肥、铁肥等可与有机肥混合施用，以提高其利用率。

（二）合理追肥

1. 因树追肥

根系吸收养分以后，养分分配受营养中心的限制，即养分优先运往代谢最活跃的部位，促进该部位的生长发育。如新梢旺长时追肥，肥料多进入新梢旺长部位，而梢叶停长后，旺长部位的中心优势减弱或消失，追肥的养分进入各器官的差异减少，分配比较均衡，对树冠的弱势部位（如短枝）辅养作用就相对大些，有利于芽的分化。施肥还必须与植株类型相结合，生长较弱的树，为了加强枝

杨梅成年树“环状沟施法”施肥

叶生长，应着重在新梢生长时供应养分，最好在萌芽前，新梢的初长期分次追肥，追肥结合灌水，促进新梢生长，使弱枝转强。生长旺而花少或徒长不结果的树，为了缓和枝叶过旺生长，促进短枝分化芽，应当避开旺长期，而在新梢停长后追肥。

施肥种类上也应因树制宜加以调节。实践证明，氮肥助枝叶生长作用明显，弱枝复壮多用些氮肥。磷肥有促进花芽分化的作用，杨梅树常因磷肥使用过量导致花芽过多，结果过多而果小、品质差，生产上宜减少磷肥用量。钾肥有促进果实健壮、提升果实品质的作用，杨梅树需钾量大，生产上宜增加钾肥的用量。追肥最好给树盘中撒施，立即轻轻划锄，使肥混匀，然后浇水。树盘覆草时，可直接撒施在草上，然后以水冲下；或扒开覆草的一角撒在土表，

然后浇水冲下，再将草覆上就可。

2. 因地追肥

在有机质不足的条件下，对瘠薄地适当追施速效氮肥，可以明显地改善叶片的光合性能，从而提高了树体光合产物的积累水平，起到了“以氮增碳”的作用，是瘠薄地杨梅园壮树成花形成产量的有效措施。春季追氮后一般 10～15 天肥料开始发生作用，夏季一般 5～7 天，秋季介于二者之间，这主要因土壤有机质水平和吸附能力而异。有机质含量低，保肥力差的山沙瘠薄地，养分随水淋失严重，肥料的有效期更短，而且常在 7—8 月份雨季造成土壤脱氮。因此山沙地追肥应勤施少施，以水中养分能渗到根系的集中分布层为宜。雨季后可少量追施氮肥以弥补淋溶损失。酸度较高的杨梅园土壤上，当 pH 值低于 4 时，常因土壤过于酸化导致果实容易碰伤、出水、发霉等现象，不利于果实贮藏运输。因此，生产上宜采用土施草木灰，或冬季喷施石硫合剂等方法，调节土壤酸碱度。经常施用化肥的杨梅园会导致土壤板结。因此，生产上宜采用增施微生物有机肥的方法，增加杨梅园的有机质含量。

不当施肥后被板结的土壤

3. 适当追施氮肥

氮是果树生长与结果的基础，在一定限度内增施氮肥可以明显地改善叶片的光合性能，增进树势和产量。同时，也要考虑到树体的需要及施肥的效益，也不可盲目大量投入。氮肥的适宜用量应根据土壤的肥沃程度、保肥能力及树体类型综合考虑确定，一般 1～2 年生树，每次每株可追尿素 50～100 克，3～4 年生树 150～200 克，5～6 年以后的树体，一般每亩每次追肥不可超过 15 千克尿素，每亩每年的尿素用量在 30～45 千克。

（三）根外施肥

根外喷肥不受新根数量多少和土壤理化特性等因素的干扰，直接进入枝叶中，有利于更快地改变树体营养状况。而且根外追肥后，养分的分配不受生长中心的限制，分配均衡，有利于树势的缓和及弱势部位的促壮。另外，根外追肥还常用于锌、铁、硼等元素缺素症的矫正和钙肥的施用。

根外喷肥后 10～15 天，叶片对肥料元素的反应最明显，以后逐渐降低，至第 25～30 天则消失，因此如想在某个关键时期发挥作用，在此期内隔 15 天一次连续喷施。春季开花期前后、果实硬核后的膨大转色期是根外追肥的两个重要时期。锌、硼元素缺乏导致杨梅枝梢小叶症，锌还造成丛生枝，硼还造成枯梢，生产上应注意春季开花期前后的关键时期。叶面补钙是增加杨梅果实硬度的快速、有效方法，生产上应重视果实硬核后的膨大转色关键时期。

第三节　病虫害综合防控

一、防治原则

遵循“预防为主、综合防治”的方针。加强栽培管理，提高树体抗病虫害能力。根据病虫害发生规律，适时开展化学防治。提倡使用诱虫灯、粘虫板、防虫网等措施，人工捕杀衰蛾等幼虫、虫茧，繁殖释放天敌。优先使用生物源和矿物源等高效低毒低残留农药，并按 GB/T 8321 要求执行，严格控制安全间隔期、施药量和施药次数。

病虫害为害后的杨梅枝叶

二、绿色防控

(一)杀虫灯

每 5~10 亩挂 1 只频振式杀虫灯，一般悬挂在树体高度的 2/3 处（1.8~2.4 米），5 月下旬开灯至果实采收结束。

杀虫灯

黄粘板

性诱剂诱集器

防虫网

（二）黄粘板

树内1.5米高左右挂黄板，每树1~2块。

（三）性诱剂诱集器

离地1.5米处挂果蝇性诱剂诱集器，每树1个，5月下旬至6月下旬悬挂。

（四）防虫网

在杨梅矮化树冠上搭建棚架，防虫网直接覆盖在棚架上，四周用泥土和砖块压实，留一侧揭盖。

三、防治方法

（一）主要病害防治

1. 杨梅肉葱病

(1) 为害症状。起初发病，在幼果表面破裂，绝大多数肉柱萎缩而短、细、尖，少数正常发育的肉柱显得长又外凸，状似果实上的小花；或绝大多数肉柱正常发育，而少数肉柱发育过程中与种核分离而外凸，并且以种核嵌合线上的肉柱分离为多，成熟后色泽变为焦黄色或淡黄褐色，形态干瘪。随果实成熟，裸露核面褐变，果面蝇虫吮汁，鲜果不能食。

(2) 防治方法。树势衰弱树，应在立春和采果后，及时增施有机肥和钾肥，预防褐斑病的发生，增强树势和提高树体的抵抗力；树势健壮树，应在生长季节(5月10日

杨梅肉葱病初期症状

杨梅肉葱病中期症状

杨梅肉葱病中后期症状

杨梅肉葱病后期症状

前后)，人工疏删树冠顶部直立或过强的春梢约 1/3，控制使用多效唑，使树冠中下部通风透光。多施有机肥和钾肥，满足供应硼、锌等微量元素；控制夏梢（结果母枝）15 厘米以下；按叶果比 50：1 疏花疏果，严格控制结果量。

2. 杨梅裂核病

(1) 为害症状。以横裂为主，纵裂为次。有裂果与裂核两种方式。横裂果者以裸露的核为缺口，肉柱向两头断裂成团，且上部肉柱组织松散，下部肉柱组织仍然缜密，外露的核呈褐色；纵裂果者以肉柱左右上下无规则松散开裂，果核大面积外露，失水枯干，是肉柱坏死症（肉葱病）衍发的结果。裂核者以缝合线处开裂占绝大多数，核和核仁变成灰状的枯干果掉落地上，核仁枯干。留树的裂核果比裂果果的寿命缩短 15 天以上。有的病果还与肉葱病同时存在。

杨梅果实裂核病后期症状　　杨梅裂核病核分离症状

杨梅裂核病初期幼果症状

杨梅果实裂核病中期症状

（2）防治方法。加强培育管理，培育中庸树势，加强通风型树冠修剪，重视硬核期后的人工疏果管理；开花前或开花后，用 1% 的过磷酸钙浸出液（浸 24 小时，并滤去杂质），喷二三次，可促进杨梅种核的发育，裂果（核）率可控制在 5% 以下。

3. 杨梅白腐病

（1）为害症状。一般在杨梅开采后的中、后期，在果实表面上滋生许多白色霉状物（即白腐烂）。随着时间的延长，此白点面积会

杨梅白腐病前期部分果实腐烂

杨梅白腐病中期果实腐烂

杨梅白腐病后期果实腐烂

逐渐增大，一般不到 2 天，这种带白点的杨梅果实即落地。被害植株 30%以上果实腐烂，严重者达 70%以上，被害果不能食用。

(2) 防治方法。果实转色期开始架设伞式，或棚架式，或天幕式等避雨设施，直至采摘结束，效果较好；利用大枝“开天窗”修剪技术，减轻病害的发生。由于该病的发生与水分关系密切，因此关键是及时做好抢收工作。

4. 杨梅褐斑病

(1) 为害症状。主要为害杨梅叶片，引起大量落叶，花芽萎蔫，小枝枯死，树势衰弱，直至树体死亡。病菌侵入叶片后，开始出现针头大小的紫红色小点，后逐渐扩大呈圆形或不规则形，直径一般 4～8 毫米。病斑中央红褐色，边缘褐色或灰褐色，后期病斑中央转变成浅红褐色或灰白色，其上密生灰黑色的细小粒点（即子囊果），病斑逐渐联结成斑块，致使病叶干枯脱落，不久出现花芽与小枝枯死，对树势和产量影响很大。

(2) 防治方法。清除园内的落叶，并集中烧毁或深埋，减少越冬病源，减轻翌年发病；园内土壤要深翻，并增施鸡粪、饼肥等有机肥料和硫酸钾、草木灰等含钾高的肥料，增强树势，提高抗病能力；注意果树整形修剪，剪除枯枝，增加树冠透光度，降低园间湿度，减少发病；11 月份至翌年 2 月份，采用波美 3° 石硫合剂喷雾全树冠及地面，可有效防治该病的发生。

5. 杨梅小叶病

(1) 为害症状。发病植株从枝条顶端抽生短而细小的丛簇状小枝，8～10 个，多者 15 个，主梢顶部枯焦而死，植株枝梢生长停止期提前。病枝节间缩短，叶数减少，叶片短狭细小，叶面粗糙，叶肉增厚，叶脉凸起，叶柄及主脉局部褐色木栓化或纵裂。嫩叶长期不能转绿，远看焦黄色，重者嫩叶早期焦死。病枝不易形成花芽，即使形成也量少质差，产量锐减。

(2) 防治方法。开花抽梢期（3—4 月），剪去树冠上部的小叶和枯枝，并喷施 0.2%硫酸锌水溶液；早春或秋初，根据树冠、树体大小，在树冠地面浅施硫酸锌每树 25～100 克；加强培育管理，土壤切忌偏施、多施磷肥，否则会诱发“小叶病”的发生。

6. 杨梅梢枯病

(1) 为害症状。梢枯、枝丛生、叶片小、不结果或少量结果。新叶早期停止生长，叶片狭小，叶缘向下反卷，顶叶焦枯成紫褐

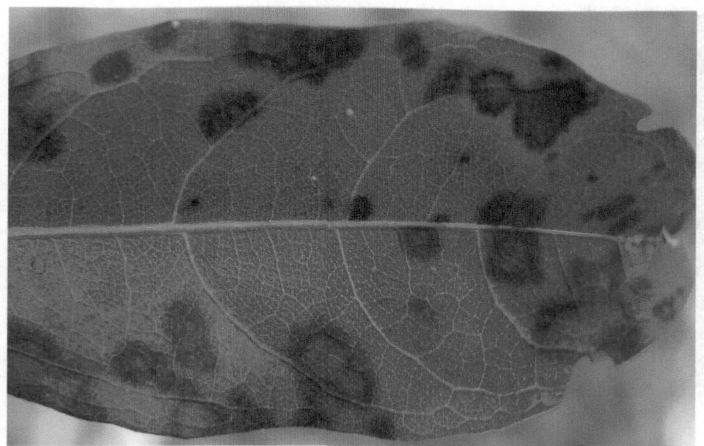

杨梅褐斑病病叶叶面症状

杨梅褐斑病病叶出现灰褐色病斑

杨梅褐斑病病叶叶背症状

杨梅小叶病为害后枝条顶端抽生短而细小的丛簇状小枝

杨梅小叶病为害后嫩叶长期不能转绿，远看呈焦黄色

杨梅小叶病为害后叶肉增厚，叶脉凸起

色，叶面淡黄色，叶脉凸起，主脉褐色并木栓化。丛簇状小枝一般当年秋后即枯死，犹如火烧，严重影响杨梅树势和产量。

被害后的丛簇状小枝，叶片呈火烧状

杨梅梢枯病病枝

被害后叶缘向下反卷、顶叶焦枯

被害后枝梢丛生，叶片小

(2) 防治方法。果实采收后，根据树冠、树体大小，每树穴施50～100克硼砂加100～200克尿素；花芽萌动前（约3月中旬），剪去丛生枝，枯死枝，用0.2%硼砂（或硼酸）加0.4%尿素的混合液喷施一两次，连续2～3年。多施有机肥或土杂肥；施用磷、钾肥时，配合施入硼肥。

7. 杨梅干枯病

(1) 为害症状。发病初期为不规则暗褐色病斑，随病情不断扩大，形成凹陷的带状条斑，与健康部位之间呈明显的裂痕，后期病部表面生有很多黑色小斑点，起初埋生于表皮层下，成熟后突破皮层，露出圆形或槽裂的开口。发病严重时可深达木质部，当病部环绕枝干一周时，枝干即枯死。

杨梅干枯病枝干为害状

杨梅干枯病为害枝干后出现的槽裂症状

杨梅干枯病为害枝干后出现的圆形开裂症状

(2) 防治方法。及时增施有机肥料和各种钾肥，增强树势，提高树体抗病能力；在农事操作活动（特别是采收）时避免损伤树皮，阻止或减少病菌从伤口侵入；及时剪除或锯去因病而枯死的枝条，并集中烧毁。

8. 杨梅枝腐病

(1) 为害症状。枝干皮层被害初期，病部呈红褐色，略隆起，组织松软，用手指压病部会下陷。后期病部失水干缩，变黑色下凹，其上密生黑色小粒点(即孢子座)，在小粒点上部长有很细长的刺毛，状似白絮包裹，枝枯萎，这一特征可区别于杨梅干枯病。天气潮湿时分生孢子器吸水后，从孔口溢出乳白色卷须状的分生孢子角。

(2) 防治方法。加强栽培管理，土壤及时增施有机肥料和钾肥，叶面喷布硼肥，增强树体的抵抗力；衰老树要及早更新，促使内膛

杨梅枝腐病病部呈红褐色略隆起状

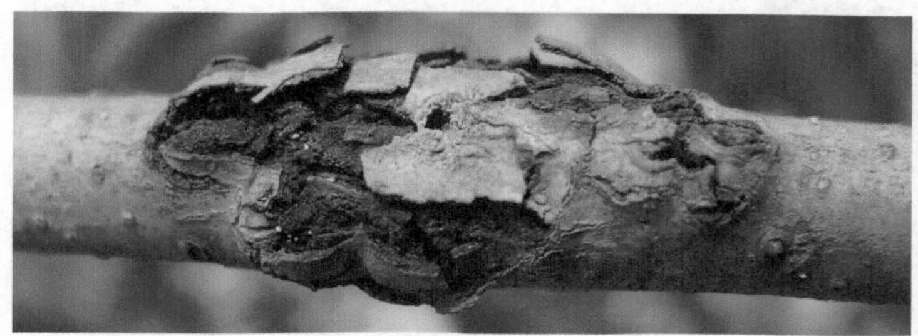

杨梅枝腐病中期症状

杨梅枝腐病后期症状

萌发新梢，复壮树势。在农事操作活动（特别是采收）时避免损伤树皮；露阳的枝干要及时涂白或包扎。涂白剂配方：生石灰 1 千克，食盐 0.15 千克，植物油 0.2 千克，水 8 千克，石硫合剂少量。

9. 杨梅癌肿病

(1) 为害症状。初期病部产生乳白色的小凸起，表面光滑，逐渐增大形成表面粗糙的肿瘤。小枝被害后，形成小圆球状的肿瘤，造成肿瘤以上的部位枯死；树干被害后，树皮粗糙，凹凸不平，呈褐色或黑褐色的木栓化坚硬组织。肿瘤大小不一，小的直径只约 1

杨梅癌肿病为害状

杨梅癌肿病病菌表面流出的菌脓

杨梅癌肿病在小枝上的肿瘤

杨梅癌肿病初期症状

用快刀刮净后的杨梅癌肿病病斑

厘米；大的可达 10 厘米以上。一个枝上的肿瘤少者一两个，多者 5～8 个，一般在枝节部发生较多。常因营养物质运输受阻而导致树势早衰，严重时还会引起全株逐渐死亡。

(2) 防治方法。禁止在病树上剪取接穗，禁止调运带病菌苗木；新区一旦发现病树，应及时砍去并烧毁。采收时，宜赤脚或穿软鞋上树采收，以免树皮弄破，增加伤口而引起感染的机会；采收后实行果园深耕，多施含钾量高的有机肥，增强树体抵抗力。新梢抽生前，剪除带瘤小枝；剪下小枝后要及时清园并集中烧毁，以减少病菌，防止再次侵染；春季 3—4 月份，病原菌未流出前，先用快刀刮净病斑，再涂药保护。

10. 杨梅赤衣病

(1) 为害症状。发病初期，在背光面树皮上可见很细的白色丝网，逐渐产生白色脓包状物。翌年春季在病症处边缘及向光面可见橙红色症状小胞，不久覆盖一层粉红色霉层，以后龟裂成小块，树皮剥落，露出木质部，其上部的叶片发黄并枯萎。该病在果园中的6月份最易发现，其明显的特征是受害处覆盖一层薄的粉红色霉层。

(2) 防治方法。清除林间杂木；管理粗放的园地，要做好春、夏雨季果园排水工作；土壤通透性不良的黏土，要加客土（黄泥）；杨梅园要多施有机肥和钾肥，增强树势和抗病力；冬季剪除病枝，集中烧毁，萌芽前在主干处涂以80%石灰水；生长期病部涂石灰防治，效果较好。杨梅新发展地区，禁止从病区引种杨梅苗和接穗。

杨梅赤衣病为害后的枝干处覆有粉红色的霉层

被害后的枝干处出现粉红色霉层(放大)

被害后的主干分枝均覆有粉红色霉层

杨梅赤衣病为害状

被害后的主干(其中之一为大枝嫁接换种)

11. 杨梅根结线虫病

(1) 为害症状。早期病树侧根及细根形成大小不一的根结，小如米粒，大如核桃。根结呈现圆形、椭圆形或串珠形，表面光滑，

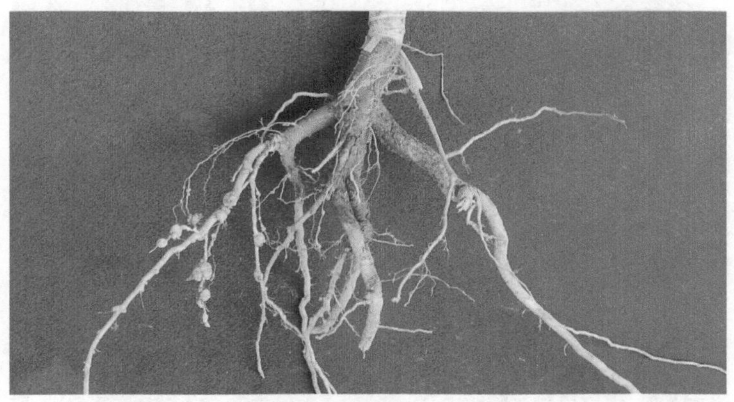
杨梅根结线虫病一年生小苗早期根结

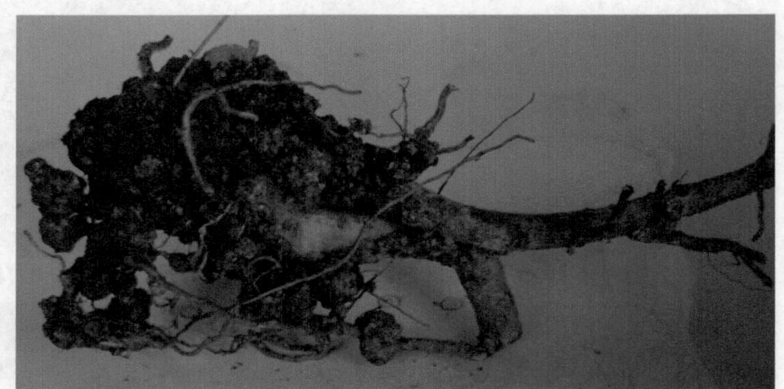

杨梅根结线虫病块状根结

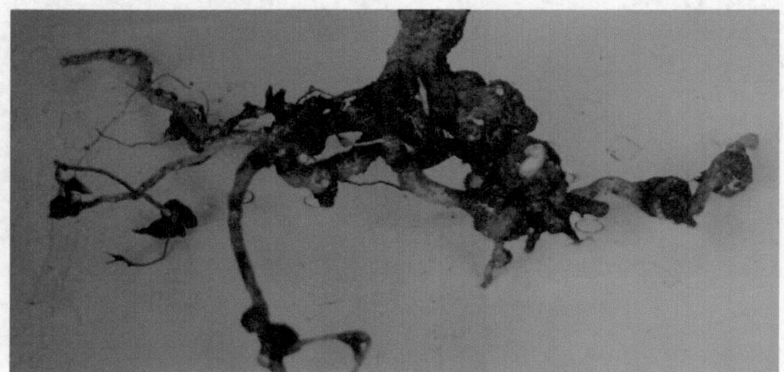

杨梅根结线虫病2龄时从根尖侵入

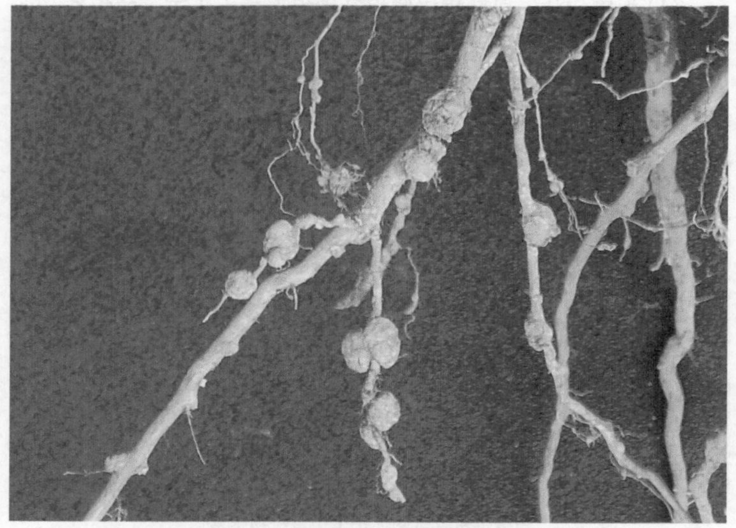

杨梅根结线虫病早期根结(放大)

切开根结可见乳白色囊状雌成虫及棕色卵囊；后期根结粗糙，发黑腐烂，病树须根减少或呈须根团，根结量也减少或在根结上再次着生根结；病树根部几乎不见有根瘤菌根。植株生长衰弱，新梢少而纤弱，落叶严重，形成枯梢等典型的衰退症状。

杨梅根结线虫病为害状

(2) 防治方法。对病树用客土改良根际土壤，施石灰调节土壤 pH 值，增施有机肥料（特别是钾肥）增强树体抗性；严把苗木检疫关，防止将病原带入新产区。

12. 杨梅根腐病

(1) 为害症状。可分两种：一种是急性青枯型，其初期症状很难觉察，仅在枯死前 2 个月左右才有明显症状。叶片失去光泽，褪绿，树冠基部部分叶片变褐脱落，如遇高温天气，顶部枝梢出现萎蔫，但翌日晨仍能恢复。采果前后如遇气温骤升，常常急速枯死，叶色淡绿，逐渐变红褐色脱落，仅剩少量枝叶，但翌年不能萌芽生长。另一种是慢性衰亡型。其初期症状为：春梢抽生正常，但晚秋梢少或不抽发，地下部根系和根瘤较少，逐渐变褐腐烂。后期病情

杨梅根腐病中期根部症状

杨梅根腐病后期根部症状

杨梅根腐病幼树根茎部腐烂症状

杨梅根腐病为害后的植株(地上部症状)

加剧，叶片变小，下部叶片大量落下，其枝条上簇生盲芽；花量大，结果多，果小，品质差；高温干旱中午，顶部枝梢萎蔫，叶片逐渐变红褐色而干枯脱落，枝梢枯死，树体有半边先枯死或全株枯死。

(2) 防治方法。土壤深耕松土，增施有机肥料和各类钾肥，增强树势，提高抗病力；发现病株及时挖除，并集中烧毁；不在桃、梨等寄主植物园内混栽杨梅；园内该病发生严重的地块，应耙土并剪除病根，撒上生石灰。

13. 杨梅凋萎病

(1) 为害症状。发病当年产量，一般损失达 20%～40%，严重的达 80%以上，病势有逐年加重的趋向，直至树木枯死。该病发生时，杨梅枝梢叶片首先急性青枯，后渐渐呈枯黄、褐黄直至枯死，症状初现时一般不落叶，1～2 个月后才渐渐落叶；无论顶枝还是内膛枝均有不同程度的发生，先零星发生后渐渐增多，逐渐扩大呈成片发生，山脚往往比山顶严重；幼树发生后在 1～2 月内，地上部分就渐渐枯死，并伴随枝干韧皮部开裂，根系枯死；大树发病当年枝梢枯死而枝干正常，严重影响树势，树冠逐年减小，2～3 年后杨梅果树林连片整株枯死；发病时间以秋季为主。

(2) 防治方法。每年 11 月至翌年 2 月，先用专用剪刀或锯子将病枝、枯枝等采用疏删方法进行冬季修剪，再清理(深埋或烧灰)地上落叶、落枝，最后进行全树冠、全树盘喷洒石硫合剂；根据为害

杨梅凋萎病春季症状

春季摘除叶片附近枝干处变色

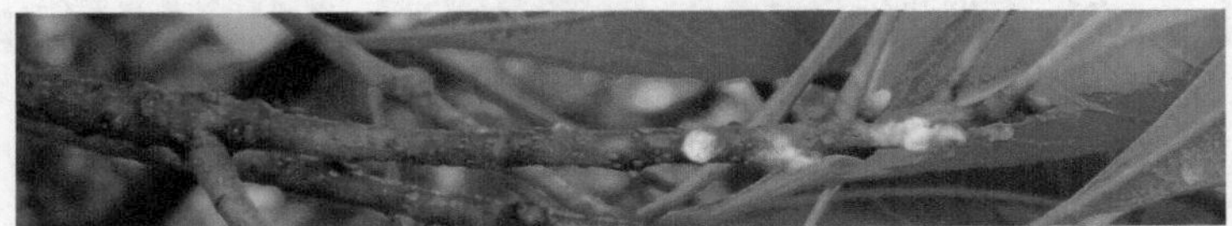

杨梅凋萎病夏季症状

夏季叶片凋落后叶痕处长白毛

程度每年喷1～3次，每次间隔一个月；对因该病引起枯枝死树严重的植株，要立即挖除，就地烧灰处理，以减少相互传播。

抢救措施：对中度以上已感病的植株，可采用以化学防治为主的综合治疗，包括全树喷雾、树干注药、吊瓶注射、主干涂药、树盘浇药等物理化学方法，但在治疗或康复期间不允许让其结果。经浙江省农业科学院实验室试验，25%咪鲜胺乳油、25%丙环唑乳油、50%凯润吡唑醚菌酯水分散剂、10%苯醚甲环唑水分散粒剂、50%异菌脲悬浮剂（98%原药，德国拜耳公司）5种农药对该病菌有较好的抑制活性。选择树体开始萌动前期喷药1、2次，春梢生长期喷药2次，夏梢、秋梢生长期喷药3次，间隔期15天。或将异菌脲、丙环唑、苯醚甲环唑和咪鲜胺原药，分别配制成5%异菌

杨梅凋萎病地上部中期症状

被抢救植株后期叶片生长情况

被抢救植株中期枝梢生长情况

杨梅凋萎病为害后枯死的植株(地上部症状)

秋冬季枯枝落叶，抽生细弱的枝梢

杨梅凋萎病秋冬季症状

被害后的枝干木质部变褐色(左)失去光泽(右为健康枝)

脲、2%丙环唑、5%苯醚甲环唑和5%咪鲜胺，再用50毫升自流式注药器包装备用。用直径5毫米电钻在主干离地5～10厘米处钻一小孔，用刀片将注药管削出一斜面，插入所钻出的小孔，注药过程避免药液外渗。注干施药处理在每年2～3月进行，每树注药剂量为200毫升。此外，5月初、8月初分别用0.1%～0.4%硫酸亚铁溶液于树冠喷雾一两次，效果较好。

(二)主要虫害防治

1. 黑腹果蝇

(1)为害症状。主要在田间为害杨梅果实。当由青转黄，果质变软后，雌成虫产卵于果实表面，孵化幼虫蛀食果实。受害果凸凹不平，果汁外溢和落果，产量下降，品质变劣，影响鲜销、贮藏、

果蝇成虫(放大)

多条果蝇幼蛆为害果实

诱饵田间诱杀果蝇成虫

太阳能杀虫灯田间诱杀果蝇成虫

加工及商品价值。有些杨梅主产区的被害果率竟高达60%以上，是杨梅果实的主要害虫之一。

(2) 防治方法。5月中下旬，清除杨梅园腐烂杂物、杂草，压低虫源基数，可减少发生量；将人工疏果的杨梅幼果、成熟前的生理落果和成熟采收期的落地烂果，及时捡尽，可避免雌蝇大量在落地果上产卵、繁殖后返回杨梅园内为害；保护和利用蜘蛛网，使其在杨梅树间结网，捕捉成虫；在杨梅果实硬核着色期进入成熟期之间，用1.82%胺•氯菊酯熏烟剂按1∶1对水，用喷烟机械顺风向对地面喷烟熏杀成虫；用敌百虫、香蕉、蜂蜜、食醋以10∶10∶6∶3配制成混合诱杀浆液，每亩约堆放10处进行诱杀；或用敌百虫、糖、醋、酒、清水按1∶5∶10∶10∶20配制成诱饵，用塑料钵装液置于杨梅园内，每亩放置6～8钵，诱杀成虫；或用黄色黏虫板，于杨梅果实成熟期间，直接悬挂于结果树内膛枝上，每隔1株挂1张；每10亩安装1盏黄绿光灯（果蝇趋性最强的光源波长为560纳米），或每30亩安装1盏频振式杀虫灯诱杀。

2. 卷叶蛾类

（1）为害症状。以幼虫在初展嫩叶端部或嫩叶边缘吐丝，缀连

卷叶蛾幼虫正在为害嫩叶

卷叶蛾幼虫为害状

叶片呈虫苞，潜居缀叶中食害叶肉。当虫苞叶片严重受害后，幼虫因食料不足，再向新梢嫩叶转移，重新卷叶结苞为害。杨梅新梢受害后，枝条抽生伸长困难，生长慢，树势转弱。严重为害时，新梢一片红褐焦枯。

(2) 防治方法。及时中耕除草，施有机肥和钾肥，加强通风透光修剪，促进树体强健，提高抗逆能力；寻找并人工摘除卵块、幼虫、蛹；冬季清园，剪除虫苞及过密枝，扫除落叶，铲除园边杂草，减少越冬虫口。利用成虫的趋化性，用糖酒醋液（红糖：黄酒：食醋：水为 1：1：4：16）诱杀成虫；利用成虫的趋光性，用黑光灯诱杀成虫；利用寄生蜂对卵、幼虫、蛹的寄生；利用螳螂、食蚜虻、绿边步行虫的幼虫和成虫、瓢虫、草蛉、食虫蝽象等捕食卷叶蛾的幼虫；利用有益蜘蛛捕食卷叶蛾的成虫。

3. 蓑蛾类

(1) 为害症状。主要以幼虫取食杨梅新梢叶片和嫩枝皮，树上幼虫常集中食害嫩叶，并使小枝枯死，甚至全树死去，严重影响杨梅的开花结果及树体的生长。

(2) 防治方法。幼虫为害初期易发现虫囊，可人工集中摘除虫囊；冬季结合修剪，剪除虫囊并集中烧毁；保护圆蛛蜘蛛、肖蛛蜘蛛在株间结大网，球腹蛛在株间结小网，网捕雄成虫；利用雄成虫趋光性，杨梅园可挂诱虫灯诱杀蛾；用每克含 100 亿个孢子的青虫菌 500～1 000 倍液喷雾。

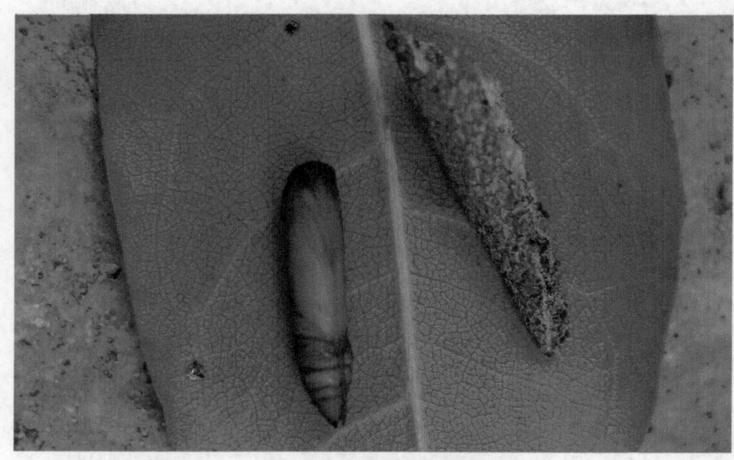

大蓑蛾蛹

白囊蓑蛾护囊

4. 栗黄枯叶蛾

(1) 为害症状。以幼虫取食杨梅叶片。食量大，为害时间长，被害枝多枯萎，甚至全树死亡。被害时树体生长势削弱，严重影响当年和翌年产量。

(2) 防治方法。冬季剪除带虫卵的小枝条，集中烧毁；清除杨梅园周围的板栗、麻栎、枫树、冬青等树木；人工捕杀幼虫、卵块和虫茧；利用成虫趋光性，于 7 月上中旬或 10 月中下旬成虫羽化期，点灯诱杀成虫；保护和利用肖蛛蜘蛛、圆蛛蜘蛛和球腹蜘蛛结网，网捕成虫；保护和利用螳螂、狩猎蜘蛛捕食幼虫；甲腹茧蜂、金毛虫绒茧蜂、姬蜂等多种寄生蜂会寄生枯叶蛾的幼虫，应加以保护和利用；将捕捉的卵、幼虫、蛹捣糊，冲水 20 倍，喷于树冠，以利用有益细菌、真菌或病毒，控制害虫。

栗黄枯叶蛾雄成虫(上)与雌成虫(下)交配

栗黄枯叶蛾幼虫正在取食叶片

栗黄枯叶蛾幼虫具黄白相间的背纵带

栗黄枯叶蛾茧与雌蛾

5. 夜蛾类

(1) 为害症状。以成虫口管刺入果实吸取汁液，被害果以刺孔为中心软腐或黑色干腐，极易脱落。

(2) 防治方法。杨梅园间不套种黄麻、芙蓉、木槿、防己等，4月份铲除杨梅树山上的通草、汉防己、木防己等幼虫食料植物，切

嘴壶夜蛾成虫

断幼虫食源；5月下旬至6月，利用成虫趋光性，点黑光灯诱杀成虫；用金黄色荧光灯拒避，按每公顷果园装10盏灯计算，减轻为害；用瓜果切成小块，在50～100倍乐果中浸半小时后，取出浸入红糖液，然后悬挂在杨梅树上诱杀成虫；保护和利用赤眼蜂、黑卵蜂等寄生蜂；利用蜘蛛网捕成虫。

枯叶夜蛾成虫口管刺入为害后的果实

6. 杨梅小细蛾

(1) 为害症状。以幼虫潜伏在叶背取食叶肉，仅剩下表皮，外观呈泡囊状。泡囊初期近圆形，随幼虫长大最后呈椭圆形，似黄豆般大小。透过泡囊上表皮能见小堆褐色或黑色粪粒，叶背受害处呈深褐色网眼状。每个泡囊仅1条幼虫。严重时每叶上可见10多个泡囊，全叶皱缩弯曲，提早落叶，影响树势和产量。

(2) 防治方法。冬季清除落叶，集中烧毁，消灭越冬虫源；为害严重的枝叶，春季结合修剪，剪除烧毁；利用成虫趋光性，在成虫羽化期，在杨梅园挂黑光灯，诱杀成虫；保护利用寄生蜂等天敌。

杨梅小细蛾为害状

每张叶片上可有多个泡囊，叶片皱缩弯曲

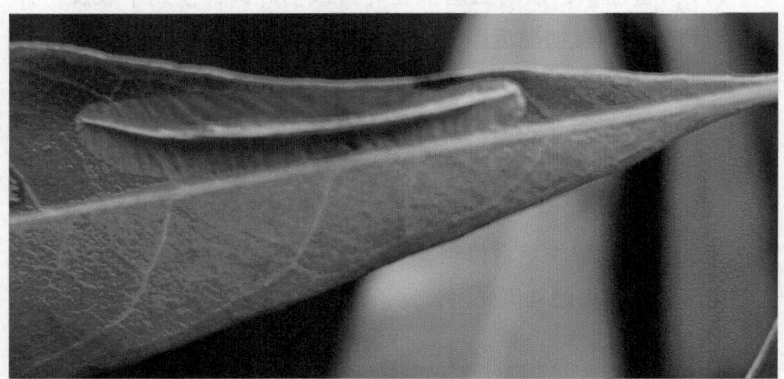

每个泡囊仅有 1 条杨梅小细蛾幼虫

杨梅小细蛾幼虫取食叶肉后仅剩叶面表皮，外观呈泡囊状

7. 乌桕黄毒蛾

(1) 为害症状。以1～3龄幼虫群集在新梢顶端为害，啃食幼芽、嫩枝和叶片，3龄后分散食害叶片。严重时新梢一片枯焦，如同火烧。

(2) 防治方法。采收前(6月上中旬)割去树盘杂草、杂木，捕杀根部附近杂草丛中已化蛹的虫茧；初龄幼虫群体为害时，可人工采摘叶片，或带叶剪下，集中烧毁或深埋；成虫羽化期(6月上旬或9月上旬)，利用灯光诱杀成虫，减少下一代虫口；幼虫期在树干基部涂药环毒杀下树避荫幼虫；保护寄生峰、寄生蝇、螳螂、鸟类和狩猎蜘蛛等天敌捕食幼虫，卵期及蛹期不使用农药；幼虫期向虫体喷布苏云金杆菌或白僵菌(每毫升含1亿个孢子)。

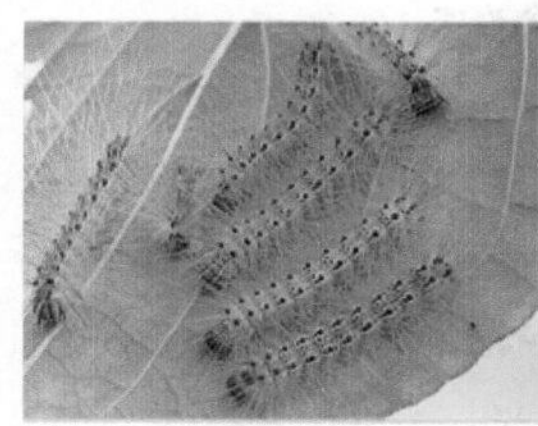
乌桕黄毒蛾幼虫

乌桕黄毒蛾成虫交配状

乌桕黄毒蛾成虫

8. 绿尾大蚕蛾

(1) 为害症状。以幼虫食害叶片，低龄幼虫食害叶片成缺刻或孔洞，稍大便把全叶吃光，仅残留叶柄或粗脉。

(2) 防治方法。5月下旬至8月中旬经常巡视果园，人工捕捉幼虫；秋后至发芽前清除落叶、杂草，并摘除树上虫茧，集中处理；在成虫羽化盛期，可利用其趋光性强的习性，用黑光灯诱杀成虫。

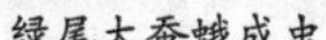
绿尾大蚕蛾成虫

绿尾大蚕蛾幼虫

低龄绿尾大蚕蛾幼虫正在取食为害

9. 刺蛾类

(1) 为害症状。以低龄幼虫群集叶背取食下表皮和叶肉，残留上表皮和叶脉成罗底状半透明斑，数日后干枯常脱落，3 龄后陆续分散食叶成缺刻或孔洞，严重时常将叶片吃光。

(2) 防治方法。低龄幼虫群集为害期摘除虫叶，人工捕杀幼虫；冬季结合修剪，剪去虫茧；利用黑光灯诱杀成虫；保护和利用紫姬蜂、寄生蝇与黑小蜂；用每克含孢子 100 亿的白僵菌粉 0.5～1 千克，在雨湿条件下防治 1～2 龄幼虫。

褐边绿刺蛾幼虫群集在叶背为害叶肉后呈网状

桑褐刺蛾幼虫正在取食叶片

10. 粉虱类

（1）为害症状。以幼虫群集在叶片背面吸取汁液，严重时每叶近百头，常分泌大量蜜露等排泄物，从而诱发煤烟病，影响光合作用。导致枝枯叶落，树势衰退，产量下降。

（2）防治方法。剪去生长衰弱和过密的枝梢，使杨梅树通风透光良好，降低发生基数；收集已被座壳孢菌寄生的杨梅粉虱叶片，捣烂后对水成孢子悬浮液，喷洒树冠，重点喷洒叶背；粉虱座壳孢菌可寄生除黑刺粉虱外的其余 3 种粉虱。

油茶黑胶粉虱幼虫（2龄，黑色蚧壳状）

油茶黑胶粉虱幼虫为害果实

11. 油桐尺蠖

(1) 为害症状。以幼虫咬食叶片为主，严重时发出“沙沙”声响，并把大片杨梅林叶子吃光，剩下叶脉和光枝，似火烧一般。

(2) 防治方法。对被害枝进行短截处理，同时根外追肥，促使新梢抽生，尽快恢复树冠；冬季翻耕，冻死土中越冬蛹；每代成虫产卵后，采集卵块，集中烧毁或埋入土中；幼虫老熟期，利用其在表土化蛹习性，在树冠下铺摊塑料膜，上盖 10 厘米厚的潮湿泥土，引诱幼虫入土化蛹，然后集中消灭；把高处的幼虫用小竹竿打下

油桐尺蠖幼虫蛟食叶片边缘表皮

后，人工掐死幼虫，并集中烧毁；将捕获的幼虫，先放纱布框中让寄生蜂飞出后，再捣糊冲水20倍喷于树冠，以发挥细菌、真菌或病菌再寄生的作用；保护和利用螳螂捕食幼虫；保护和饲放黄茧蜂控制尺蠖发生。

油桐尺蠖幼虫

6龄老熟油桐尺蠖幼虫（虫体保护色）

12. 蚜虫类

(1) 为害症状。主要以成虫或若虫群集在杨梅新梢、嫩茎或幼芽上吮吸汁液，影响杨梅树势，并诱发煤烟病。

(2) 防治方法。杨梅园地不栽棉花、绣线菊，也不与桃、柑橘、茶叶等混栽，避免中间寄主的相互影响；冬季去除园边杂草杂木，

若蚜群集在嫩梢叶上为害

蚜虫群集在叶背上为害

并结合冬剪（11 月至翌年 1 月），剪除被害枝或越冬卵的枝，减少虫源；保护利用瓢虫、食蚜虻、草蛉、小花蝽、有益蜘蛛、捕食螨、寄生蜂、寄生菌等天敌，控制蚜虫发生。

13. 蚧壳虫类

(1) 为害症状。以雌成虫和若虫，群集附着在 3 年生以下的杨梅枝条及叶片主脉周围、叶柄上吸取汁液，其中 1～2 年生小枝条虫口密度最高。嫩枝被害后，表皮皱缩，秋后干枯而死；叶片被害后，呈棕褐色，叶柄变脆，早期落叶；树枝被害后，生长不育，树势衰弱，4 月下旬至 5 月上旬出现大量落叶、枯枝，为害严重时杨梅全株枯死，犹如火烧。

(2) 防治方法。春季及时剪去枯死枝及虫口密度高的活枝，集中烧毁；清除杨梅园边杂木杂草，尽量减少中间寄主，减少虫源；每年 11 月至翌年 1 月，用波美 3°～5° 的石硫合剂喷雾；保护和利用异色瓢虫、黑缘红瓢虫、中华草蛉、蚜小蜂类和跳小蜂类等天敌，实施以虫治虫，控制蚧壳虫为害。

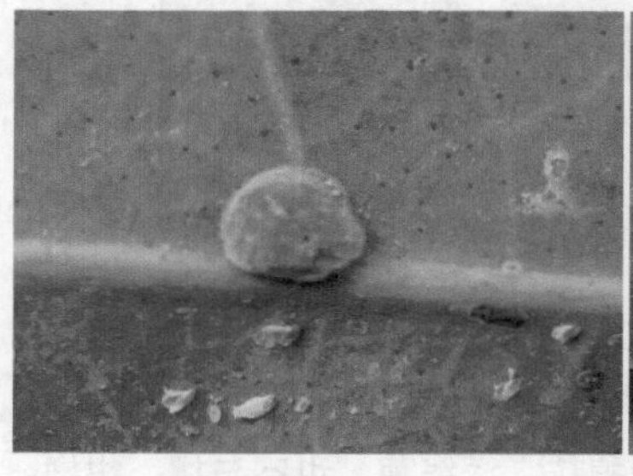
茶糠蚧雌成虫蚧壳

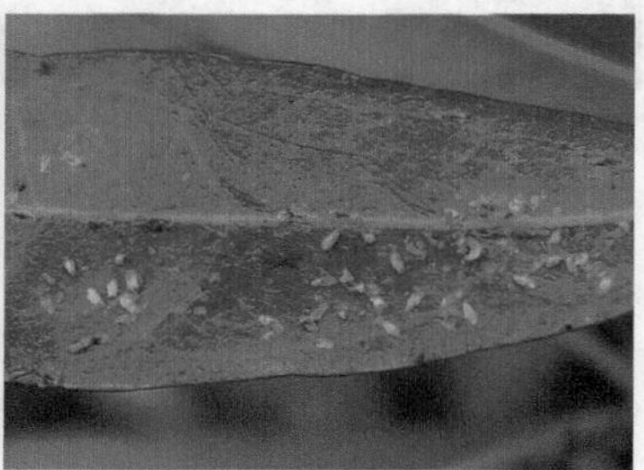
柏牡蛎蚧群集为害叶背

14. 金龟子类

(1) 为害症状。以成虫为害杨梅春梢、夏梢嫩叶和果实，幼虫(称为蛴螬)为害杨梅苗木，咬断致死。

(2) 防治方法。冬翻杨梅园土，冻死幼虫；施用充分腐熟的堆肥或厩肥，防止果园或苗圃地成虫产卵；利用黑光灯、糖醋液诱杀或利用其假死性人工捕杀成虫；保护和利用可网捕成虫的圆蛛蜘蛛或肖蛛蜘蛛；保护和利用可寄生金龟子幼虫的追寄蝇、撒寄蝇、赛寄蝇等。

铜绿丽金龟成虫正在取食为害

金龟子成虫群集在枝叶上为害

15. 小粒材小蠹

(1) 为害症状。小粒材小蠹是杨梅蛀干害虫。盛产树被害后迅速枯死，且成连片状扩散蔓延，为害率达10%左右，造成当地果农巨大的损失。

小粒材小蠹雄成虫

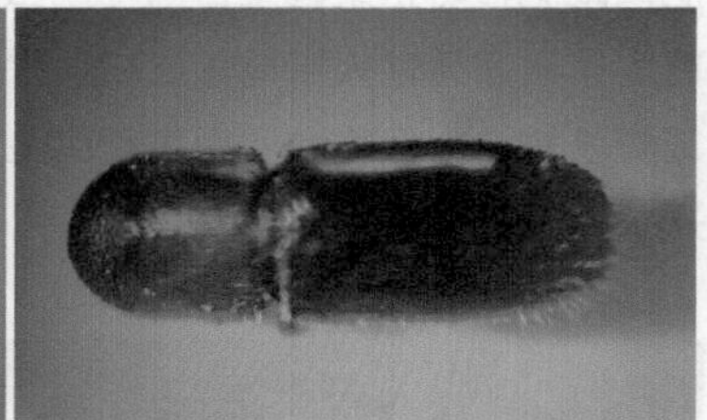

小粒材小蠹雌成虫

小粒材小蠹成虫蛀干为害后的虫孔与虫粪

被小粒材小蠹成虫为害后迅速枯死的植株

(2) 防治方法。在冬春季对树干进行涂白，或在 8—9 月份成虫侵入期对树干喷 48%乐斯本乳油 1000 倍液，2～3 周喷 1 次，可预防成虫的入侵；对已受虫害的树木，于每年 3 月份用 40%乐斯本乳油 + 防水涂料 5～10 倍涂刷主干受害部，可快速杀死树体主干内的小粒材小蠹，能使受害初期、木质部尚未全部褐变的杨梅树康复，但对木质部已全部褐变的杨梅树，则无法康复。

16. 碧蛾蜡蝉

(1) 为害症状。碧蛾蜡蝉以成、若虫吸食枝条和嫩梢汁液，虫株率达 85%以上，每株虫口 50 头以上，使其生长不良，叶片萎缩而弯曲，重者枝枯果落，影响产量和质量。排泄物可诱致煤烟病发生。

碧蛾蜡蝉若虫正在为害枝干

碧蛾蜡蝉成虫正在为害叶片

(2) 防治方法。对调运的寄主植物及其产品必须严格检疫以防止传播蔓延；成虫盛发期，树上出现白色绵状物时，人工用木杆或竹竿触动树枝致若虫落地后杀灭；生长季疏除过密的枝条及产卵枝，改善通风透光条件及减少若虫孵化量；冬季结合果园修剪清除有虫枝叶，减少虫源，降低虫口密度；保护和利用瓢虫、螳螂、蜘蛛、草蛉等天敌，对控制碧蛾蜡蝉为害具有较好的效果。

17. 天牛类

(1) 为害症状。主要以幼虫蛀食杨梅枝干，造成枝干折断或树势衰弱，甚至植株枯死。

天牛幼虫绕主干韧皮部为害一周

天牛幼虫蛀食枝干

(2) 防治方法。加强栽培管理，树干根颈部定期培上厚土，以提高星天牛的产卵部位，便于清除卵粒；“清明”前后钩杀幼虫后，于树干根颈部培以厚土，“夏至”前后钩杀幼虫时除去培土；加强肥培，增强树势，枝干涂白，堵塞树干上孔洞，减少产卵；成虫一般多于晴天中午栖息枝端，在树枝上交尾，在5—6月晴天中午及午后或傍晚进行人工捕杀成虫；“秋分”和“清明”前后，检查树体，凡有新鲜虫粪者，可用细钢丝钩杀幼虫；保护和利用花斑马尾姬蜂、褐纹马尾姬蜂及寄生蝇寄生；喷洒病原寄生线虫。

18. 白蚁类

(1) 为害症状。以啃食树势衰弱的杨梅树的主干和根部，并筑起泥道，沿树干通往树梢，损伤韧皮部和木质部，使树体的水分和营养物质运输受阻，致使地上部的枝叶脱落黄萎。如果木质部受害，则全树枯死。

(2) 防治方法。及时清除果园边杂木，挖去树桩及死树，以减少蚁源，降低为害率；有翅白蚁有趋光性，在5—6月闷热天气或雨后的傍晚，待有翅白蚁飞出巢时，点灯(黑光灯)诱杀；越冬期找到蚁巢主道，用人工挖巢法，或向巢内灌水法、压杀虫烟法整巢消灭；常年4—10月，每隔4～5米定1点，先削去山皮、柴根，挖深×长×宽为10厘米×40厘米×30厘米的浅穴，再放上新鲜的狼萁等嫩草和松树针叶，其上压土块或石块，以后隔3～4天

白蚁与蚁道

被害后的树根

检查一次，如发现白蚁群集，立即用白蚁粉喷洒，集中灭蚁；也可寻找为害杨梅树上蚁道，发现白蚁后即喷少量白蚁粉，使其带毒返巢，共染而死；利用天王星有多年的药效，将杨梅的根基泥土耙开，浇上2.5%天王星乳油600倍加1%红糖的药液，每株约浇液15千克，然后覆回泥土；将配好后的白蚁粉装入洗耳球或喷粉胶囊中，对准蚁路、蚁巢及白蚁喷撒；也可直接用亚吡酸、水杨酸或灭蚁灵对准蚁路、蚁巢喷杀；白蚁严重的果园，在白蚁活动期用白蚁粉诱杀或用40.7%毒死蜱乳油20～40倍拌土毒杀；根据白蚁相互吮舐的习性，使其导致整巢白蚁死亡。

第三章 / 主要农事管理

杨梅生长时期主要分为休眠期、花芽发育期、开花期、幼果期（春梢抽发期）、果实膨大期、成熟采收期（夏梢抽发期）和花芽分化期（秋夏梢抽发期）。每个生长时期都有相关的农事操作管理要求。

第一节 休眠期

休眠期（11 月至翌年 2 月上旬），是指杨梅树秋梢停止生长后至春梢开始生长前的这一段时间，此时杨梅花芽停止分化。

一、及时清园

剪除枯枝、病虫枝、衰弱枝，清扫落叶，喷雾波美 3°～5° 的石硫合剂（视杨梅园轻重程度喷雾 1～3 次，间隔期为一个月）。

二、枝干涂白

特别是高山易发生冻害地区。

三、防止积雪

及时摇雪，防止树冠积雪损伤或压断枝条。

四、培土施肥

积肥、培土，施秋冬肥。冬闲烧制草木灰或积土杂肥；结合秋冬肥，树盘培土，加厚土层。

五、开垦挖穴

开垦种植，挖定植穴。

第二节　花芽发育期

花芽发育期（2 月下旬至 3 月中旬），是指杨梅树从早春萌芽开始至全树 5% 花序至少有 1 朵花开放的这一段时期。

花芽发育期

一、整形修剪

幼龄树多采用拉枝、压枝方式提早结果；成年树以改善树冠内光照，锯除或短截过高的直立枝，回缩过长的斜生枝。

二、疏枝疏花

疏删过量的开花枝、密生枝、纤细枝以及内膛过细的、过密的小侧枝。

三、新树栽植

杨梅新园地栽植，搭配 1% ～2% 雄株。

四、嫁接换种

小苗嫁接、高接换种。

五、防病治虫

癌肿病、干枯病、枝腐病等病斑，刮除病斑并涂抹药剂。半个月重复一次。

六、施好芽前肥

幼龄树酌减，旺树不施氮肥。

第三节　开花期

开花期（3 月下旬至 4 月上旬），是指杨梅全树 5% 花序至少有 1 朵花开放的初花期起，开始谢花至可以明确果实坐果成功止的这一段时期。

开花期

一、防止落花

刨树盘、环割，盖土覆草，或开花前喷雾 0.2% 硼砂液。

二、人工疏花

提倡疏删修剪方法疏枝疏花。

三、病虫防控

重点关注杨梅毛虫、桉蓑蛾、枯叶蛾、蚧壳虫、杨梅癌肿病和白蚁等病虫害发生情况，适时开展针对性防控。

第四节　幼果期（春梢抽发期）

幼果期（4 月中下旬），是指杨梅坐果成功后，果实发育不久，果实幼小的这一段时期。

幼果期

一、保果或疏果

如遇干旱可采用刨树盘、培土，弱树采用喷雾0.2%硼砂液、0.2%磷酸二氢钾液，强树则可采用人工压梢、摘心保果。可采用树冠外围疏删直立枝、交叉枝、密生枝，改善树冠内部通风透光条件，达到疏枝疏果目的。

二、施壮果肥和叶面肥

施低氮高钾肥，如氮（N）：钾（K_2O）配比5：25的配方肥45千克左右。叶面喷施钙肥、钾肥等。

三、病虫防控

继续关注杨梅毛虫、桉蓑蛾、枯叶蛾、蚧壳虫、杨梅癌肿病和白蚁等病虫害发生情况。

第五节　果实膨大期

果实膨大期（5 月），是指杨梅果实开始迅速膨大的时期。

果实膨大期

一、保果或疏果

防止第二次生理落果；果实迅速膨大前适时疏枝疏果，之后人工疏去病虫果、密生果和劣小果，每果枝留 1～4 个果。

二、继续追施壮果肥和叶面肥

施低氮高钾肥，如氮（N）：钾（K_2O）配比 5：25 的配方肥 45 千克左右。叶面喷施钙肥、钾肥等。

三、病虫防控

重点关注蓑蛾、尺蠖、褐斑病、果蝇与蚧壳虫等病虫害发生情况，适时开展针对性防控。

第六节　成熟采收期（夏梢抽发期）

成熟采收期（6月），是指杨梅果实完成迅速膨大进入可食阶段，全树75%以上的果实表现成熟，果实可以采收销售的时期。

成熟采收期

一、采收

适时、分批采收。禁止在安全间隔期内采摘上市。

二、夏季修剪

疏删树冠中间直立性大枝，短截或疏删拖地枝、交叉枝和外围直立枝。

三、施足采后肥

中氮高钾肥，如氮（N）：磷（P_2O_5）：钾（K_2O）配比15：4：20的配方肥30千克左右。

四、病虫防控

重点关注果实上的病虫害，如肉葱病、裂核病、白腐病、果蝇等病虫害发生情况，适时开展针对性的物理或生物方法防控。

第七节 鲜果采收贮运

一、分级分装

在低温条件下分级分装入小筐等包装物。

二、预冷

分级分装后于 5℃以下进行预冷。

三、抽检

质量安全抽检合格后粘贴追溯标识，上市销售。

四、低温贮藏

在 0～1℃，相对湿度在 80% 以上的环境下贮藏，定期检查贮运环境温度、湿度。

鲜果采收贮运

五、贮运时间

短期贮藏或周转以 5 天以内为宜。

六、确保质量

轻搬轻放，防止碰伤。贮运期间，严禁违规使用保鲜剂、防腐剂、添加剂。

第八节　花芽分化期（秋夏梢抽发期）

花芽分化期（8—10 月），是指杨梅果实采摘后的叶芽生理分化结束至休眠前的这一段时期。该时期时间跨度很长，通常还包括休眠期与花芽发育期阶段，历时 8 个月之久。

一、施用基肥

以有机肥为主，腐熟有机肥 2000 千克或商品有机肥 800 千克，穴施或撒施后覆土。

花芽分化期

二、控制秋梢

对当年发生的秋梢，务必采用控肥或拉枝、压枝、摘心等多种措施并用控制。

三、冬季修剪

休眠期开始后进行，重点可结合清园进行。

四、病虫防控

重点关注赤衣病、褐斑病、蚧壳虫、蛾类等病虫害发生情况，适时开展针对性防控。

附 录

附录一　生产管理年历

月份	生产管理要点
1月	下雪天及时摇雪；及时剪去病虫枝、枯枝、衰弱枝，清扫落叶并烧毁；继续挖好定植穴，施足基肥等种植前准备工作。
2月	施好芽前肥，幼龄树酌减，旺树不施氮肥；幼龄树以整形为主，成龄树以改善树冠内光照为主，衰老树以更新为主；选择壮苗定植，栽植时搭配 1%～2% 的授粉雄株；小苗嫁接；大树高接换种。
3月	继续施好芽前肥；继续抓好新园种植；继续做好整形修剪与小苗嫁接、大树高接换种；防治癌肿病、枝腐病、干枯病，消灭白蚁。
4月	大树高接；采用刨树盘、环割以及覆盖树盘保花保果；采用人工方法疏删修剪或疏花疏果；防治杨梅毛虫、桉蓑蛾、枯叶蛾、蚧壳虫；继续防治杨梅癌肿病和白蚁。
5月	增施壮果促梢肥；防止第二次生理落果；果实迅速膨大前适时疏枝疏果；继续防治蓑蛾与尺蠖；注意防治褐斑病、果蝇与蚧壳虫。
6月	分期、分批适时采收；及时施足采后肥；继续防治褐斑病、卷叶蛾、果蝇与天牛。
7月	继续做好适时采收；及时施采后肥；及时培土覆草；夏季大枝疏删修剪；对不结果树或生长过旺的树进行促花；防治桉蓑蛾、卷叶蛾、尺蠖、枯叶蛾、蚧壳虫。
8月	秋季松土、铺草或喷灌抗旱；防台风；幼龄树及时抹芽、摘心；继续防治桉蓑蛾。
9月	继续做好抗旱、防台工作；割草烧制草木灰或焦泥灰；人工摘除大蓑蛾护囊；剪除枯枝与无效萌蘖。
10月	结合深翻培土，将草皮、杂草压埋土中；沿海地区注意台风。
11月	控制旺树或不结果树的晚秋梢；剪除枯枝、病虫枝后及时清园；利用冬闲烧焦泥灰和积土杂肥。
12月	做好春季新园开发的准备工作。

附录二　禁止使用的农药

农药名称	禁用依据	起始日期
艾氏剂	农业部公告第 199 号、斯德哥尔摩公约	
胺苯磺隆	农业部公告第 2032 号	2015 年 12 月 31 日（单剂）； 2017 年 7 月 1 日（复配剂）
苯线磷	农业部公告第 1586 号	
除草醚	农业部公告第 199 号	
滴滴涕	农业部公告第 199 号、斯德哥尔摩公约	
狄氏剂	农业部公告第 199 号、斯德哥尔摩公约	
敌枯双	农业部公告第 199 号	
地虫硫磷	农业部公告第 1586 号	
毒杀芬	农业部公告第 199 号、斯德哥尔摩公约	
毒鼠硅	农业部公告第 199 号	
毒鼠强	农业部公告第 199 号	
对硫磷	农业部公告第 322 号、第 632 号	
二溴氯丙烷	农业部公告第 199 号	
二溴乙烷	农业部公告第 199 号	
福美胂	农业部公告第 2032 号	2015 年 12 月 31 日
福美甲胂	农业部公告第 2032 号	2015 年 12 月 31 日
氟乙酸钠	农业部公告第 199 号	
氟乙酰胺	农业部公告第 199 号	
甘氟	农业部公告第 199 号	
汞制剂	农业部公告第 199 号	
甲胺磷	农业部公告第 322 号、第 632 号	
甲基对硫磷	农业部公告第 322 号、第 632 号	

（续表）

农药名称	禁用依据	起始日期
甲基硫环磷	农业部公告第 1586 号	
久效磷	农业部公告第 322 号、第 632 号	
林丹	斯德哥尔摩公约	
磷胺	农业部公告第 322 号、第 632 号	
磷化钙	农业部公告第 1586 号	
磷化镁	农业部公告第 1586 号	
磷化锌	农业部公告第 1586 号	
硫丹	斯德哥尔摩公约（保留棉铃虫防治等用途为特定豁免）	
硫线磷	农业部公告第 1586 号	
六六六	农业部公告第 199 号、 斯德哥尔摩公约	
六氯苯	斯德哥尔摩公约	
氯丹	斯德哥尔摩公约	
氯磺隆	农业部公告第 2032 号	2015 年 12 月 31 日
灭蚁灵	斯德哥尔摩公约	
七氯	斯德哥尔摩公约	
杀虫脒	农业部公告第 199 号	
砷、铅类	农业部公告第 199 号	
十氯酮	斯德哥尔摩公约	
特丁硫磷	农业部公告第 1586 号	
异狄氏剂	斯德哥尔摩公约	
蝇毒磷	农业部公告第 1586 号	
治螟磷	农业部公告第 1586 号	

附录三　农药使用及安全间隔期

农药名称	防治对象	制剂、用药量（以标签为准）	年最多使用次数	安全间隔期（天）
石硫合剂	冬季清园	波美 3～5 度	—	—
矿物油	介壳虫类	95% 乳油 150～200 倍液	—	—
氯菊酯	鳞翅目害虫等	10% 乳油 1660～3350 倍液	2	3
辛硫磷	果蝇类、衰蛾类等	40% 乳油 1000～2000 倍液	4	7
杀螟硫磷	卷叶蛾类	45% 乳油 250～500 倍液	3	15
多菌灵	褐斑病、根腐病等	25% 可湿粉 2500～5000 倍液	3	28
乙蒜素	癌肿病、干枯病	80% 乳油 50 倍液涂抹	—	—
氰戊菊酯	蛾类	20% 乳油 8000～12500 倍液	12	7
草甘膦	除草	30% 水剂 90～150 克 / 亩	—	—
杀虫双	蛾类幼虫、蚜虫等多种害虫	18% 水剂 225～360 毫克 / 千克	—	—

注意：严禁在果实采收前 40 天喷施任何药剂

附录四　杨梅良好农业规范

ICS 67.080.10
B 31

中华人民共和国农业行业标准

NY/T 2861—2015

杨梅良好农业规范

Good agricultural practice for production of bayberry

ICS 67.080.10
B 31

2015-12-29 发布　　　　2016-04-01 实施

中华人民共和国农业部　发布

前言

本标准按照 GB/T 1.1—2009 给出的规则起草。

本标准由农业部种植业管理司提出。

本标准由全国果品标准化技术委员会(SAC/TC 510)归口。

本标准起草单位：浙江省农业科学院、中国农业科学院农业质量标准与检测技术研究所、浙江省农业厅、台州市黄岩区果树技术推广总站。

本标准主要起草人：戚行江、梁森苗、杨桂玲、虞轶俊、王敏、汪雯、王强、黄茜斌、毛雪飞、张志恒、蔡铮、郑锡良、任海英

杨梅良好农业规范

1 范围

本标准规定了杨梅生产组织管理、质量安全管理、种植操作规范、采收、分级、包装与标识、贮运等基本要求。

本标准适用于杨梅生产管理。

2 规范性引用文件

下列文件对于本文件的应用是必不可少的。凡是注日期的引用文件，仅注日期的版本适用于本文件。凡是不注日期的引用文件，其最新版本(包括所有的修改单)适用于本文件。

GB 2762 食品安全国家标准 食品中污染物限量

GB 2763 食品安全国家标准 食品中农药最大残留限量

GB 3095 环境空气质量标准

GB 5084 农田灌溉水质标准

GB/T 8321 (所有部分) 农药合理使用准则

GB 9687 食品包装用聚乙烯成型品卫生标准

GB 15618 土壤环境质量标准

GB/T 29373 农产品追溯要求 果蔬

LY/T 1747 杨梅质量等级

NY/T 496 肥料合理使用准则 通则

NY/T 1778　新鲜水果包装标识　通则

NY/T 2315　杨梅低温物流技术规范

3　组织管理

3.1　宜有统一或相对统一的组织形式，管理杨梅良好操作规范的实施。可采用但不限于以下几种形式：

——公司化组织管理；

——公司加基地加农户；

——专业合作组织；

——农场或农庄；

——种植大户牵头的生产基地。

3.2　农业生产经营者宜建立与生产相适应的组织机构，包含生产、加工、销售、质量管理、检验等部门，并有专人负责。明确各管理部门和各岗位人员职责。

3.3　宜有相应专业知识的技术人员，负责杨梅生产操作规程的制定、技术指导、技术培训等工作。

3.4　宜有熟知杨梅生产质量安全的管理人员，负责杨梅生产过程的质量管理与控制。

3.5　从事生产的人员经过生产技术、安全及卫生知识培训，掌握杨梅种植技术、投入品施用技术及安全防护知识。

3.6　宜为从事特种工作的人员（如施药人员等）提供完备、完好的防护服（例如胶靴、防护服、胶手套、面罩等）。

4　质量安全管理

4.1　实施单位应制定质量安全管理制度和追溯制度。

4.2　质量安全管理制度由以下内容构成：

——组织机构图及相关部门（如果有）、人员的职责和权限；

——质量管理措施和内部检查程序；

——人员培训规定；

——生产、加工、销售实施计划；

——投入品（含供应商）、设施和设备管理办法；

——产品的溯源管理办法；

——记录与档案管理制度；

——客户投诉处理及产品质量改进制度。

4.3 可追溯系统由生产批号和生产记录构成，追溯信息应符合 GB/T 29373 的要求。

4.3.1 生产批号以保障溯源为目的，作为生产过程各项记录的唯一编码，可包括种植产地、基地名称、产品类型、区块号、采收时间等信息内容。宜有文件进行规定。

4.3.2 生产记录应如实反映生产真实情况，并能涵盖生产的全过程。基本记录格式见附录 A。

4.3.2.1 基本情况记录

——区块／基地分布图。宜清楚标示出基地内区块的大小和位置。

——区块的基本情况。环境发生重大变化或杨梅生长异常时，宜监测并记录。

4.3.2.2 生产过程记录

——农事管理记录。主要包括品种、嫁接育苗、移栽日期、土壤耕作、整形修剪日期、病虫草害发生防治记录、投入品使用记录、采收日期、产量、贮存、土壤处理和其他操作。

——投入品进货记录。包括投入品名称、供应商、生产单位、购进日期和数量。

——肥料、农药的领用、配制、回收及报废处理记录。

——销售记录。包含销售日期、产品名称、批号、销售量、购买者等信息。

4.3.2.3 其他记录

——环境、投入品和产品质量检验记录。

——农药和化肥的使用宜有统一的技术指导和监督记录。

——生产使用的设施和设备宜有定期的维护和检查记录。

4.3.2.4 记录保存和内部自查

——宜保存本标准要求的所有记录，保存期不少于 2 年。

——宜根据本标准制定自查规程和自查表，每年至少进行 1 次内部自查，保存相关记录。

——根据内部自查结果，对发现不符合项，制定有效的整改措施，付诸实施并编写相关报告。

5 种植操作规范

5.1 产地环境

5.1.1 产地远离工矿区和公路铁路干线，避开工业和城市污染源的影响，环境空气质量应符合 GB 3095 的要求。灌溉水质应符合 GB 5084 的要求。土壤环境质量应符合 GB 15618 的要求。每 2 年委托有资质的检测机构对产地环境进行分析检测，对不符合产地环境标准要求的土壤宜进行整改或放弃。

5.1.2　种植前宜从以下几个方面对产地环境进行调查和评估，并保存相关的检测和评价记录：

——种植基地以前的土地使用情况以及重金属、化学农药（特别是长残留农药）的残留程度。

——周围农用、民用和工业用水的排污情况以及土壤的浸蚀和溢流情况。

——周围农业生产中农药等化学物品使用情况，包括常用化学物品种类及其操作方法对杨梅的影响。

5.2　基地宜提供、配备并维护生产所需的基础设施，包括：

——生产所需的山坡地、果园道路网络以及喷灌等配套设施。

——采收、包装、贮存、运输、检测和卫生等生产设施。

——生产可选的杀虫灯、黄粘板、性诱剂、防虫网、避雨伞、塑料大棚等配备设施。

5.3　农业投入品管理

5.3.1　采购

5.3.1.1　制定农业投入品采购管理制度，选择合格的供应商，并对其合法性和质量保证能力等方面进行评价。

5.3.1.2　采购的农药、肥料及其他化学药剂等农业投入品有产品合格证明、建立登记台账，保存相关票据、质保单、合同等文件资料。

5.3.2　贮存

5.3.2.1　农业投入品仓库宜清洁、干燥、安全，有相应的标识，并配备通风、防潮、防火、防爆、防虫、防鼠、防鸟和防止渗漏等设施。

5.3.2.2　不同种类的农业投入品分区域存放，并清晰标识，危险品宜有危险警告标识；有专人管理，并有进出库领用记录。

5.4　种苗管理

5.4.1　品种选择

5.4.1.1　充分考虑当地自然条件、市场需求和优良品种区划，选择具有对病害和虫害有抗性和耐性的、良好经济性状和地方特色的品种。

5.4.1.2　常见的品种有东魁、荸荠种、丁岙梅、晚稻杨梅、黑晶、早佳、夏至红、晚荠密梅、早色、乌紫杨梅、早大梅、桐子梅、水晶种、深红种、乌酥核、紫晶、细蒂、乌梅、火炭梅、浮宫一号、硬丝、软丝、慈荠等。

5.4.2　苗木采购

5.4.2.1　苗木采购宜具备检疫合格证或相关的有效证明；保存苗木质量、品种纯度、品种名称等有关记录及苗木销售商的证书。选购时，以 1 年生嫁接苗为好，选择粗壮、无伤根的一级苗木，起苗后根系打黄泥浆，并用尼龙薄膜包裹好，再行调运；起苗至定植时间最长不宜超过 10 天。定植前，剪去苗木嫁接口 30 厘米以上的枝叶、30 厘米之内叶片的 2/3；技术成熟地区，可用 3～4 年生树苗定植。

5.4.2.2　苗木质量应符合表 1 的要求。

表1　苗木质量要求

级 别	地 径（厘米）	苗高（厘米）	根 系	检疫性病虫害
一　级	≥ 0.6	≥ 50	发 达	无
二　级	≥ 0.5	≥ 40	较发达	无

5.5　小苗定植技术

5.5.1　宜在春季（3 月至 4 月上旬），选择无风阴天栽植。定植密度依山地气候、土壤肥力、土层厚度和品种特性而异。栽植密度宜每亩 19～33 株。

5.5.2　定植穴宜挖 80 厘米 ×80 厘米 ×80 厘米大小为好。定植时避免根系与肥料接触，周围杂草等不宜立即去掉。

5.5.3　宜选择壮苗，先定单主干 30 厘米，再去掉嫁接部位接穗上的尼龙薄膜，剪去主根、修剪过长和劈裂根系。定植时根系宜舒展，分次填入表土，四周踏实，浇水 1～2 次，最后再盖一层松土。定植完毕宜立即用柴草覆盖树盘，或遮阳网覆盖树体，直至当年 9 月份。

5.5.4　杨梅发展新区，按 1%～2% 搭配杨梅授粉树（雄株），并根据花期风向和地形确定杨梅雄株的位置。

5.5.5　定植后的第一年，杨梅根系不发达，高温干旱时宜进行防旱抗旱。有水源的可行灌水或浇水；也可在出梅后地湿时，覆盖

5～10 厘米厚的草于鱼鳞坑范围内，防旱抗旱。

5.6 大树移栽技术

5.6.1 宜在萌芽前（2 月至 4 月上旬），或秋冬季（10—11 月），选择在阴天或小雨天进行。

5.6.2 先挖定植穴，穴内填少量的小石砾及红黄壤土。挖树时先剪去树冠部分枝条及当年生新梢，短截过长枝，控制树冠高度。挖掘时需环状开沟，并带钵状土球，直径为树干直径的 6～8 倍。挖后宜及时修剪根系，剪平伤口，四周用稻草绳扎缚固定，并及时运到栽植地。栽种时把带土球的树置于穴内后，先扶正树干，覆土（高度宜略低于土球），踏实，灌水，使土壤充分湿润，最后再覆盖一层松土。

5.6.3 移栽后立即进行修剪和整形，树冠喷水，使枝叶充分湿润。5～7 天宜坚持早晚各一次喷水。高温季节宜检查根部草包的干湿情况。

5.7 耕作管理

5.7.1 宜根据杨梅生长喜含石砾的沙性红壤或黄壤、适宜生长结果的土壤 pH 值为 4～6 的原则，结合芒箕、杜鹃等指示植物生长茂盛的土壤杨梅生长结果最佳的特性，考虑杨梅园的地形、朝向、海拔高度等因素，科学、合理选择杨梅园适宜的耕作制度，如清耕法、自然生草法、地面覆盖法等。

5.7.2 幼龄树定植后，于夏季伏旱来临前（6 月下旬至 7 月上旬），在树盘直径 1～1.5 米，结合清除灌木、杂草，用杂草枝叶进行覆盖，厚度约 10 厘米，并用少量泥块压实，覆盖物离开主干 10 厘米。

5.7.3 成年树管理，山坡地宜用“自然生草法”，冬季翻土时清除杂灌木和多年生草本植物，一年生草本植物任其自然生长，仅在采收前割去树冠下杂草。平地果园也提倡生草栽培、生态栽培。

5.8 肥料管理

5.8.1 宜遵循培肥地力、改良土壤、平衡施肥、以地养地的原则，科学、平衡、合理施用肥料，提高肥料利用率和降低肥料对种植环境的影响。根据土壤状况、杨梅品种和生长阶段以及栽培条件等因素，选择肥料类型和施肥方式。肥料的使用应符合 NY/T 496 规定。不宜使用工业垃圾、医院垃圾、城镇生活垃圾、污泥和未经处理的畜禽粪便。

5.8.2 幼龄树以氮肥为主，特别是新栽幼树，施肥上宜适当增施氮肥，开始结果后减少氮肥用量，增施钾肥。每年上半年施速效性肥 1、2 次，每株施尿素或复合肥 0.1～0.3 千克，随着树龄的增大宜增加施肥量，4～5 年生树每株增施过磷酸钙 0.05～0.1 千克。

5.8.3 成年树在杨梅生长周期施肥宜氮：磷：钾配比以 1：0.3：4 为宜，减少磷肥的施用量，增大钾肥的施用量，施用钾肥需采用硫酸钾。

5.8.4 正常结果树，全年施肥 2 次。第一次为春肥（2—3 月），每株施尿素 0.1～0.3 千克、硫酸钾 0.5 千克或焦泥灰 15～20 千克；第二次为采后肥（7 月），每株施尿素 0.2 千克，硫酸钾 0.2～0.5 千克。磷肥隔 1～2 年施用 1 次，每株施 0.1～0.15 千克，不宜单施氮肥及过量施用磷肥。

5.8.5 大年结果树，全年施肥 3 次。第一次是春肥，每株施尿素 0.2～0.3 千克，促进春梢抽发；第二次是壮果肥（4—5 月），每株施复合肥 1 千克加硫酸钾 1～2 千克；第三次是采后肥，采收结束前 2～3 天施复合肥 0.5～1 千克，以促进于树体恢复，促使夏梢抽发。

5.8.6 小年结果树，全年施肥 2 次。第一次是壮果肥，每株施 1～2 千克的硫酸钾；第二次是秋冬肥（10—11 月），每株施有机肥 25 千克或复合肥 1 千克。生长势过旺的树，宜减少对氮肥的使用，增加钾肥的用量；长势过旺而开花少的树，宜同时增加磷肥的用量，株增施 0.5 千克的过磷酸钙以促进花芽形成，磷肥施用一般隔年进行，防止使用过多。

5.8.7 对于树势衰弱的树，增加氮肥的用量，每株施 1～2 千克尿素。

5.9 整形

5.9.1 一般采用开心形或圆头形方式整形，但生长旺盛和枝条直立性强的品种宜用主干形或疏散分层形方式整形。

5.9.2 开心形：定干高度 30 厘米，抹除当年在主干下半部上的新梢，过多时要及时疏删，一般保留 2、3 个新梢。夏梢超过 25 厘米时摘心。保留 2、3 个秋梢，并在 20 厘米以上时摘心，促其粗壮。一般幼树第二年可在离主干 70 厘米的主枝上选留第一副主枝，处于主枝侧面略向下的部位，要求从属于主枝。第三年可在完成三主枝及第一副主枝基础上选留第二副主枝。第一、第二副主枝间隔

60 厘米。其上的侧枝宜留 30 厘米缩剪。第四年继续延长主枝和副主枝。在距离第二副主枝约 40 厘米处选留第三副主枝，在主枝和副主枝上继续培养侧枝，连续 5～6 年后即可完成整形。

5.9.3　圆头形：定干高度 30 厘米，其后除保留从主干所分生的 4～5 个强壮枝条外，及早去除其余枝条。保留的枝条彼此约 20 厘米间隔，并各向一个方向发展，避免互相重叠。距离主干 70～80 厘米部位，在侧面略下方留副主枝，大枝间均保留 80～90 厘米间距，以利分生侧枝，充分利用空间。控制主枝、副主枝以外过强枝的生长。经过 7～8 年即可完成整形。

5.9.4　主干形：适用在土壤肥沃、土层深厚的地方种植杨梅。定植后在干高 60～70 厘米处定干，其后抽生的枝条，最上一枝为主枝的延长枝，下面留 3、4 个主枝，向四周开张，删去过多的强枝。第二年在主干延长枝上，长约 60 厘米处进行短截，在主干延长枝下部选 3、4 个斜生枝作为主枝，第三年到第四年进行相同操作，直至盛果期树冠不再升高。此类树形不设副主枝，在主干以上以多余主枝来代替副主枝。在完成整形以后，全树共有 12～15 个主枝。

5.9.5　疏散分层形：需要较大的生长空间，密植园不宜采用。一般分两层整形，但如果土壤肥水条件好，可以设第三层，主枝数第一层 3 个，第二、第三层 2、3 个。定植时定干高度 30 厘米，促使剪口附近发生强壮枝条，选择最顶端枝条作为主干延长枝，其后在其下部选择3个不同方向基角大、生长粗壮的枝条作为主枝培养，并尽量拉大主枝和中心领导干的角度，主枝的先端朝上，与中心领导干角度 45° 左右，其余予以疏除，以免树冠内部过于荫蔽。主枝及领导干上的小枝宜尽量保留。第二年继续培养中心领导干、主枝和副主枝。为克服杨梅上强下弱、树冠内膛枝条易荫蔽的生长特性，中心领导干不宜过粗过长，并且要求曲折上升，同时宜尽量促使主枝生长，并使其自然伸展避免弯曲，以保持较旺的生长势，与中心领导干的生长保持平衡。第三年开始，培养第二层主枝，两层主枝间的距离一般保持在 100 厘米以上。第一层主枝培养 2、3 个副主枝，第二层主枝培养 1、2 个副主枝。第一层副主枝离地面 80～90 厘米，第二层副主枝离第一层副主枝 60～70 厘米。

5.10　修剪

5.10.1　宜提倡“粗放型”的疏删、短截相结合原则，做到通风透光、去直留斜、立体结果。

5.10.2 生长期修剪在 4—10 月，休眠期修剪在 11 月至翌年 3 月。最适修剪时期为春剪（4 月）、夏剪（7 月）、秋冬剪（11 月）。

5.11 花果管理

5.11.1 对杨梅旺树采取不施氮、增施钾肥和磷肥的措施进行保果。

5.11.2 对花枝、花芽过量或结果过多的树，于 2—3 月疏删花枝及密生、纤细、内膛小侧枝。少部分结果枝短剪促分枝。

5.11.3 对东魁等大果型品种可推广人工疏果。每年盛花后 20 天和谢花后 30～35 天，疏去密生果、劣果和小果，果实迅速膨大前再疏果定位，疏果标准为 15 厘米以上的长果枝和粗壮果枝留果 3、4 个，5～15 厘米长的留果 2～3 个，5 厘米以下的短果枝留果 1 个。

5.12 杨梅关键技术

杨梅提早结果、矮化树体等关键技术参见附录 B。

6 病虫害防治

6.1 预防为主、综合防治

坚持“预防为主、综合防治”方针，合理选用农业防治、物理防治和生物防治，根据病虫害发生的经济阈值，适时开展化学防治。提倡使用诱虫灯、粘虫板等措施，人工繁殖释放天敌。优先使用生物源和矿物源等高效低毒低残留农药，并按 GB/T 8321 要求执行，严格控制安全间隔期、施药量和施药次数。

6.2 农业防治

选择对主要病虫害抗性较强的杨梅良种。加强栽培管理，及时清除病虫为害枝条及枯枝、残枝、重叠枝、交叉枝、骑马枝，冬季清园，改善杨梅林的生态环境。

6.3 物理防治

6.3.1 趋光诱杀：每 10 亩安装 1 盏黄绿光灯（果蝇趋性最强的光源波长为 560 纳米）。或每 30 亩挂 1 盏频振式杀虫灯，一般悬挂在树体高度的 2/3 处，5 月下旬至 6 月下旬开灯。

6.3.2 黄粘板：树内 1.5 米高处挂黄板，每树 1、2 块。

6.3.3 昆虫性诱剂诱杀：离地 1.5 米处挂果蝇性诱剂诱集器，每树 1 个，5 月下旬至 6 月下旬悬挂。

6.3.4 防虫网：在杨梅矮化树冠上搭建棚架（单株棚架，采用

6～8 根钢管，中间固定，均匀插地），防虫网直接覆盖在棚架上，四周用泥土和砖块压实，留一侧揭盖。

6.4　化学防治

杨梅登记用药较少，不能满足正常的生产需要；需要谨慎选择高效、低毒、低残留的农药，用药建议见附录 C。

7　采收

7.1　采前检测

采收上市前，宜进行安全性、自律性检测或委托农产品质量安全检测机构检验。卫生指标符合 GB 2763 和 GB 2762 的要求，方可上市。

7.2　采收时间

果实采收成熟度，根据销售终端地点不同而确定（以荸荠种和东魁杨梅为例）。近距离运输果实可以采用完熟采收。中距离运输果实以九成熟采收为好。远距离运输果实以八成熟采收为好。采收宜在晴天上午露水干后或阴天进行，不宜在雨天、雨后和高温下采收。

7.3　采收方法

7.3.1　采收时宜戴洁净手套，轻摘轻放，避免果实肉柱损伤，并随时剔除机械伤、软化、霉变等果实。

7.3.2　周转箱（筐）或采果篮宜清洁、干燥，不宜过高过大，装果高度不宜超过 20 厘米，采摘前宜在容器底部及四周垫柔软缓冲物。

7.3.3　采收时宜同时携带 2 只篮子，一边采摘一边分级。品质好的放入小篮子，品质一般的放入大篮子。

8　分级与分装

杨梅采摘后，在 10～15℃操作间，按 LY/T 1747 要求进行挑选分级，分级后装入适宜销售的小塑料篮或竹篮内，装果高度不宜超过 15 厘米，装果量不宜超过 2 千克。

9　预冷

按照 NY/T 2315 要求，果实采收后宜在 2 小时内完成分级并进行预冷，可采用冷库、强制冷风、真空冷却等方式，使果心温度降至 0～2℃。

10 包装与标识

10.1 薄膜包装

经预冷或者贮藏的杨梅，在果框外，选择 0.04～0.06 毫米厚的聚乙烯薄膜包装袋进行抽气或充氮包装。薄膜袋的卫生指标应符合 GB 9687 的规定。

10.2 外包装

将包装后的杨梅和冰瓶（袋）等蓄冷材料同置于 2～3 厘米厚的定型泡沫箱内并密封。杨梅与冰瓶（袋）的重量比不大于 4：1；冰瓶（袋）为水等蓄冷材料在 -18℃条件下冻结制得。

10.3 标识

包装上市的杨梅宜在包装上标明品名、产地、生产日期、生产者或销售者名称、地址、联系电话。未包装的杨梅宜采取附加标签、标识牌、标识带、说明书等形式，标明品名、产地、生产日期、生产者或销售者名称、地址、联系电话。获得“三品”认证的杨梅，经包装或附加标识后上市销售，并标注相应标志和发证机构。

11 贮运

11.1 库房消毒

库房经整理、清扫后，用 0.1% 次氯酸钠喷洒消毒，或用 5 克 / 立方米硫黄熏蒸消毒，一般处理后经 24h 密闭，然后通风 1～2 天，按要求调节到规定温度备用（产地预冷库房和销售端预存库房要求相同处理）。

11.2 贮藏

经预冷后的杨梅可直接包装进入物流运输销售，也可置于保鲜库短期贮藏。杨梅低温贮藏温度宜为 0～2℃，相对湿度宜为 80% ～90%。整个贮藏期间要保持库内温度的稳定。杨梅近距离运输销售，贮藏期不宜超过 5～6 天；杨梅远距离运输周转销售，贮藏期不宜超过 3～4 天。

11.3 运输

采用低温冷藏车运输，冷藏车车内温度宜为 2～5℃。杨梅运输最长期限不宜超过 24 小时。果实运达销售地后，宜置于 0～2℃保鲜库内临时贮藏，宜在 48 小时内完成销售。运输行车宜平稳，减少颠簸和剧烈振荡。码垛要稳固，货件之间以及货件与底板间留有5～8厘米间隙。

附　录　A

（资料性附录）

杨梅生产良好农业规范记录表

A.1　地块基本情况表（见表A.1）

表A.1　地块基本情况

生产基地名称			
检测单位		检测日期	
大气检测情况			
土壤检测情况			
土壤类型		土壤肥力	
灌溉用水检测情况			
水来源及位置与国家标准符合情况说明			
与国家标准符合情况说明			
周围环境			
污染发生及投入品使用历史情况			
备注	附基地方位图、基地地块分布图		

记录人：　　　　　　　　　　负责人：

年　月　日　　　　　　　　　　年　月　日

A.2　生产记录表（见表A.2）

表A.2　生产记录

基地名称			
种植品种		种植时间	
区块编号		面积（亩）	
日期	天气	田间作业内容	作业人员签名
备注			

记录人：　　　　　　　　　　　　负责人：

年　月　日　　　　　　　　　　　年　月　日

A.3　农业投入品使用记录表（见表A.3）

表A.3　农业投入品使用记录

基地名称					
种植品种			种植品种		
区块编号			区块编号		
日期	天气	投入品名称及浓度（配比）	使用量	施用方式	施用人签名
备注					

记录人：　　　　　　　　　　　　负责人：

年　月　日　　　　　　　　　　　年　月　日

A.4 采收记录表（见表 A.4）

表A.4 采收记录

采收日期	区块号	种植品种	面积（亩）	采收数量	生产批号	检验情况
备注						

记录人：　　　　　　　　　　　　　负责人：

年　月　日　　　　　　　　　　　　年　月　日

A.5 销售记录表（见表 A.5）

表A.5 销售记录

生产批号	日期	销售人	销售数量	规格	购买者	联系方式
备注						

记录人：　　　　　　　　　　　　　负责人：

年　月　日　　　　　　　　　　　　年　月　日

A.6 成品贮藏记录表（见表 A.6）

表A.6 成品贮藏记录

批号	仓库地点	仓库号	贮存日期	品种	包装规格（千克 / 袋）	进库量（吨）	出库		
							日期	数量	目的地
备注									

记录人： 负责人：

年 月 日 年 月 日

附 录 B

（资料性附录）

杨梅生产关键技术

B.1 杨梅提早结果关键技术

栽植后 1～3 年以促使树体迅速扩大为主要目的，确保春梢、夏梢、秋梢正常抽生。夏季摘梢替代冬季修剪，同时加强病虫害及肥培管理；第四年到第六年为促花结果的转换期，由前期的快速生长转变为生长和结果并重时期，在扩展树冠的同时促进树体结果，宜采用缓和树势和促进花芽分化的修剪方法。对树冠上部强枝进行适当疏剪，形成上稀下密的枝叶分布，对各主枝进行拉枝，以开张树冠，对主枝可采用环割或环剥。

B.2　矮化杨梅树体关键技术

大枝修剪是矮化杨梅树体的主要技术措施，适用于树龄小于15年生树体，一般树高可控制在4米以内。盛果期杨梅树由于主干粗，枝叶及结果部位过高，进行矮化修剪会影响产量，因此建议分年度逐步进行。

大枝修剪宜在春季未开花前进行。一般去除直立的中心杆，从基部去除上部生长较强的生长枝，删除过密的重叠主枝，使树体呈现开天窗的形状。大枝修剪后，对枝梢上部抽生的强枝须从基部去除，做到抑上促下，去强留弱，控制长势，促进结果，以果压树。老龄树大枝修剪一般需逐年分步进行，即每年把高大的主枝逐年回缩，年回缩大枝长度一般控制在1～2.5米，促使其发出新梢进行更新，通过几年的修剪可把原来高7～8米的树冠回缩到4米左右，并可减少产量损失。修剪顺序宜先大枝后小枝，先上后下，先内后外。同时，修剪后的剪口要平，不留短桩，大的锯口或剪口宜涂保护剂。

B.3　杨梅设施栽培关键技术

利用塑料大棚改变杨梅生长发育的环境条件，可促成早熟，提早上市，提高栽培效益。大棚结构形式有简易竹制、钢架和大型温室3种。竹制大棚以单栋建造形式较方便，可用大棚卡槽固定薄膜和防虫网；建连栋竹大棚需在拱间设置集雨槽，其扣膜及压膜线安装技术难度较大；钢架大棚则需根据杨梅园地条件，请大棚专业施工人员设计安装，以保证棚室的安全可靠。搭建高度宜离树冠顶部1米以上；盖膜时间宜在元旦前后。杨梅硬核期搭棚，可省去低温季节的大棚管理环节，节省成本和用工。

设施栽培适宜全国各早熟杨梅产区。宜选择喜阴湿环境，选用早熟、易结果、品质优良品种，采用矮化密植栽培，但新种已投产杨梅树宜定植一年后盖棚。大棚内前期气温低，注意扣膜保温，晴天中午宜适当通风换气降湿；3—4月温度上升，宜适时通风降温，防止高温灼伤树体；4月中下旬气温升高后，可将四周薄膜拆除，保留（或换上）防虫网，让棚内通风透气，使树体在自然温度条件下生长。棚内铺设地膜能有效控制棚内湿度，减少因低温高湿造成的病害发生，减少水分蒸腾。

B.4　杨梅省力化栽培技术

栽植时植被不全部清除，以后根据需要逐年清除；定植前在等高线上根据定植的行株距，确定定植点，从上部挖土，修成外高内低半月形小台面，在离小台面外缘 2/3 台面处挖直径在 0.5～0.6 米、深度 0.4～0.5 米的定植小穴进行种植，可省工 50% 以上。

栽植密度宜 4 米 ×5 米（亩栽 33 株），主干高宜控制在 15 厘米以内，树高宜控制在 3 米以下。与原先亩栽 22 株、树高通常在 4.5 米以上相比，杨梅采摘、修剪、喷药、除草等农事操作较容易，管理成本约低 30% 以上。

修剪上，主枝数量可适当放宽到三主枝以上。在杨梅幼年期，采用先促后控、轻剪缓放的修剪方法，达到修剪量少、用工少、树冠扩大快、初果期提早的目的。修剪时以大枝开张修剪为主，不须采用摘心、拉枝、吊枝等措施，只须采用多剪直立枝、下垂枝，多剪大枝、少剪小枝，使树体矮壮开张，树冠分层不重叠，内膛不光秃，树冠凹凸，达到立体结果即可。

附　录　C

（资料性附录）

杨梅用药使用建议

杨梅用药使用建议见表 C.1

表C.1　杨梅用药使用建议

防治对象	农药通用名（商品名）	含量	用量	使用方法	生长季使用最多次数	安全间隔期（天）
褐斑病	波尔多液	—	硫酸铜：熟石灰：水=1：2：200	新梢长到 2～3cm 喷雾	1	30
	嘧菌酯	25%	1250～2500 倍	采果后喷施，或冬季清园使用	1	7
干枯病	石硫合剂	—	3～5 波美度	早期刮除病斑后涂、或冬季清园使用	1	30
果蝇	阿维菌素	0.1%浓饵剂	180～300 克 / 亩	在杨梅果实硬核着色期进入成熟期之间，诱杀	1	—
	灭蝇胺	50%	3333 倍	在杨梅果实硬核着色期进入成熟期之间施药	1	15
	乙基多杀菌素	6%	1500 倍	在杨梅果实硬核着色期进入成熟期之间施药	1	15
白腐病	抑霉唑硫酸盐	13.3%	1000 倍	在杨梅果实硬核着色期进入成熟期之间施药	1	15
介壳虫类	矿物油	95%	50～60 倍	7—8 月第二代粉介壳虫发生初期，或冬季清园，喷雾。高温季节应早晨或傍晚避开高温使用，提高稀释倍数，长期干旱应补充水分后使用	1	30
	机油	95%	50～60 倍		1	30
	松脂酸钠	45%	100～200 倍	7—8 月第二代粉介壳虫发生初期，或冬季清园，喷雾。高温季节应早晨或傍晚避开高温使用，提高稀释倍数	1	30
		30%	300 倍		1	30
	噻嗪酮	65%	2500～3000 倍	7—8 月第二代介壳虫发生初期，或冬季清园，喷雾	1	15
尺蠖 蓑蛾类	苏云金杆菌	16000 国际单位 / 毫克	400～800 倍	于 4—5 月份幼虫期发生初期，喷雾	1	30
	氯虫苯甲酰胺	35%	7000～10000 倍	于 4—5 月份幼虫期发生初期，喷雾	1	30

参考文献

方海涛 . 2015. 浙南杨梅栽培实用技术 [M]. 北京：中国农业科学技术出版社 .

戚行江 . 2014. 杨梅病虫害及安全生产技术 [M]. 北京：中国农业科学技术出版社 .

戚行江，杨桂玲 . 2014. 杨梅全程标准化操作手册 [M]. 杭州：浙江科学技术出版社 .

徐云焕，孙钧 . 2012. 水果生产知识读本 [M]. 杭州：浙江科学技术出版社 .